建筑工程简明知识读物

安全知识自学读本

骆中钊　张惠芳　卢昆山　主编

金盾出版社

内 容 提 要

本书是《建筑工程简明知识读物》中的一册，书中内容包括：建筑工程的安全法规及现场安全管理、土石方工程及桩基工程安全知识、模板工程及高处作业的安全知识、施工机具操作及商品混凝土相关的安全知识、土建工程各分项施工的安全知识、安装工程的安全知识、季节施工及装修工程的安全知识。

本书是建筑工人自学提高读本，并可供职业院校相关专业师生学习参考，也可作为建筑工程安全教育的培训教材。

图书在版编目(CIP)数据

安全知识自学读本/骆中钊，张惠芳，卢昆山主编．—北京：金盾出版社，2015.12

(建筑工程简明知识读物/骆中钊主编)

ISBN 978-7-5186-0543-9

Ⅰ．①安…　Ⅱ．①骆…②张…③卢…　Ⅲ．①建筑工程—安全生产　Ⅳ．①TU714

中国版本图书馆 CIP 数据核字(2015)第 227660 号

金盾出版社出版、总发行

北京太平路 5 号(地铁万寿路站往南)

邮政编码：100036　电话：68214039　83219215

传真：68276683　网址：www.jdcbs.cn

封面印刷：北京军迪印刷有限责任公司

正文印刷：北京军迪印刷有限责任公司

装订：北京军迪印刷有限责任公司

各地新华书店经销

开本：705×1000 1/16　印张：12.25　字数：243 千字

2015 年 12 月第 1 版第 1 次印刷

印数：1～4 000 册　定价：39.00 元

建筑工程简明知识读物编委员

前　言

我国改革开放30多年以来，城乡建设发展的速度不断加快，基本建设大范围展开，建筑工程的规模和数量都呈上升趋势。为适应国家建设发展的需要，建筑企业必须武装自己的建设队伍，努力提高工艺水平和施工质量，只有这样才能在激烈的市场竞争中立于不败之地。我们根据建筑人才市场的需求编写了《建筑工程简明知识读物》丛书，希望帮助那些刚刚或即将从事建筑行业工作的朋友们，通过自学或短期培训了解建筑工程的基本知识，掌握各项操作技术，并通过建筑工程施工实践成为本专业的行家里手。

《建筑工程简明知识读物》丛书共分6册：《工程预算自学读本》《施工识图自学读本》《土建技术自学读本》《设备安装自学读本》《室内装修自学读本》《安全知识自学读本》，内容概括了建筑工程施工的主要基础知识。

当前建筑行业每年都增加大量新员工，他们的安全技术知识教育培训是当务之急。为了适应这一需要，我们以建筑工程施工安全操作规程为基础，依据现行的标准、规范和规程，结合新员工的实际情况，将安全操作规程和安全要点分章、节并逐条地进行阐述，以帮助读者自学掌握。

《安全知识自学读本》主要内容是建筑施工的安全知识，包括了建筑工程的安全法规，现场安全管理，土石方工程、桩基工程、模板工程、高处作业、土建工程、安装工程等施工中的安全知识及施工机具安全操作知识。

在本书的编写过程中，得到了很多领导、专家、学者和同行的支持和帮助，骆伟、陈磊、冯惠玲、张仪彬、骆毅、庄耿、李雄、邱添翼等参加本书的编写，马兰、任轶蕾帮助收集并提供了大量的资料，借此致以衷心的感谢。

限于水平，不足之处，敬请广大读者批评指正。

骆中钊　张惠芳　卢昆山

目　　录

第一章　建筑工程的安全法规及现场安全管理

第一节　安全法规

一、法规

1. 建筑施工中涉及安全的主要法律法规

《中华人民共和国宪法》《中华人民共和国刑法》《中华人民共和国建筑法》《中华人民共和国安全生产法》《中华人民共和国环境保护法》《中华人民共和国环境噪声污染防治法》《中华人民共和国固体废物污染环境防治法》《中华人民共和国职业病防治法》《中华人民共和国行政许可法》等,以及国家行政法规和地方、部门的规章制度。

2. 我国的安全生产方针

安全第一、预防为主。

3.《建筑法》第三十九条规定建筑施工企业在施工现场应当采取的措施

建筑施工企业应当在施工现场采取维护安全、防范危险、预防火灾等措施;有条件的,应当对施工现场实行封闭管理。

4.《建筑法》规定施工企业必须注重保护环境

《建筑法》规定建筑施工企业应当遵守有关环境保护和安全生产的法律法规的规定,采取控制和处理施工现场的各种粉尘、废气、废水、固体废物以及噪声、振动对环境的污染和危害的措施。

5. 建筑施工企业和作业人员不得违章指挥或违章作业

《建筑法》第四十七条规定,建筑施工企业和作业人员在施工过程中,应当遵守有关安全生产的法律法规和建筑行业安全规章、规程,不得违章指挥或违章作业。作业人员有权对影响人身健康的作业程序和作业条件提出改进意见,有权获得安全生产所需的防护用品。作业人员对危及生命安全和人身健康的行为有权提出批评、检举和控告。

二、安全生产管理

1. 生产经营单位的主要负责人和安全管理人员必须具备的安全生产知识和管理能力

《安全生产法》第二十条规定:生产经营单位的主要负责人和安全管理人员必须具备与本单位所从事的生产经营活动相应的安全生产知识和管理能力。

2. 生产经营单位对从业人员进行安全生产教育和培训义务的要求

生产经营单位应当对从业人员进行安全生产教育和培训，保证从业人员具备必要的安全生产知识，熟悉有关的安全生产规章制度和安全操作规程，掌握本岗位的安全操作技能。未经安全生产教育和培训合格的从业人员，不得上岗作业。

3. 我国的安全生产工作格局要求

政府统一领导、部门依法监管、企业全面负责、群众参与监督、全社会广泛支持。

三、特种作业的要求

1. 特种作业人员必须取得资格证书方可上岗作业

生产经营单位的特种作业人员必须按照国家有关规定经专门的安全作业培训，取得特种作业操作资格证书，方可上岗作业。

2. 特种作业

对操作者本人，尤其对他人和周围设施的安全有重大危害因素的作业。包括电工作业、金属焊接切割作业、登高架设作业、锅炉作业、爆破作业、起重机械作业、企业内机动车辆驾驶等。

四、名词解释

1.“三宝四口”

“三宝”是指：安全帽、安全带、安全网。

“四口”是指：楼梯口、电梯井口、预留洞口、通道口等各种洞口。

2. 三级安全教育

三级安全教育是针对新入厂工人必须经公司级、项目部级、班组级的三级安全教育。

公司级教育内容：国家和地方有关安全生产的方针、政策、法规、标准、规范、规程和企业的安全规章制度等。

项目部级教育内容：工地安全制度、施工现场环境、工程施工特点及可能存在的不安全因素等。

班组级教育内容：本工种的安全操作规程、事故案例剖析、劳动纪律和岗位讲评等。

五、从业人员的权利和义务

1.《安全生产法》规定从业人员的权利

(1)从业人员有权了解其作业场所和作业岗位存在的危险因素、防范措施及事故应急措施，有权对本单位的安全生产工作提出建议。

(2)从业人员有权对本单位安全生产工作存在的问题提出批评、检举、控告；有权拒绝违章指挥和强令冒险作业。

(3)从业人员发现直接危及人身安全的紧急情况时，有权停止作业或者在采取可能的应急措施后撤离作业场所。

(4)因生产安全事故受到损害的从业人员，除依法享有工伤社会保险外，依照有关民事法律尚有获得赔偿权利的，有权向本单位提出赔偿要求。

2.《安全生产法》规定从业人员的义务

(1)从业人员在作业过程中，应当严格遵守本单位的安全生产规章制度和操作规程，服从管理，正确佩戴和使用劳动防护用品。

(2)从业人员应当接受安全生产教育和培训，掌握本职工作所需的安全生产知识，提高安全生产技能，增强事故预防和应急处理能力。

(3)从业人员发现事故隐患或者其他不安全因素，应当立即向现场安全生产管理人员或者本单位负责人报告；接到报告的人员应当及时予以处理。

六、从业人员的生存保障

1. 对生产经营场所与员工宿舍的规定

《安全生产法》规定：生产、经营、储存、使用危险物品的车间、商店、仓库不得与员工宿舍在同一座建筑物内，并应当与员工宿舍保持安全距离。生产经营场所和员工宿舍应当设有符合紧急疏散要求、标志明显、保持畅通的出口。禁止封闭、堵塞生产经营场所或者员工宿舍的出口。

2. 出现死亡事故、重大死亡事的调查负责部门

死亡事故，由企业主管部门会同企业所在地设区的市(或者相当于设区的市一级)劳动部门、公安部门、工会组成调查组，进行调查。

重大死亡事故，按照企业的隶属关系由省、自治区、直辖市企业主管部门或者国务院有关主管部门会同同级劳动部门、公安部门、监察部门、工会组成调查组，进行调查。

前两款的事故调查组应当邀请人民检察院派员参加，还可邀请其他部门的人员和有关专家参加。

3. 发生事故后的“四不放过”原则

事故原因未查清不放过、责任人员未处理不放过、整改措施未落实不放过、有关人员未受到教育不放过。

第二节 现场安全管理

一、现场安全管理的主要要求

1. 施工单位应当建立的主要制度

施工单位应当建立健全安全生产责任制度和安全生产教育培训制度，制定安全生产规章制度和操作规程，保证本单位安全生产条件所需资金的投入，对所承担的建设工程进行定期和专项安全检查，并做好安全检查记录。

2. 施工单位安全管理的基本内容

(1)公司安全生产必须坚持“安全第一,预防为主”的方针和群防群治原则,认真贯彻落实国家、地方和公司的有关安全生产的法律、法规、标准、规范、规程和规章制度。

(2)公司法定代表人是企业安全生产的第一责任人,对企业的安全生产负全面责任;项目经理是本项目的安全生产第一责任人,对项目施工中贯彻落实安全生产的法规、标准负全面责任。

(3)公司成立“安全生产委员会”领导和协调企业安全生产工作,公司、项目部必须建立健全安全生产保证体系。

(4)公司应设置安全生产管理机构,并向工程项目派驻安全生产专职管理人员(1 万 m^2 以下的工地 1 名;1 万 m^2 以上的工地 2～3 名;5 万 m^2 以上的大型工地,按专业派驻专职安全员,组成安全管理组,负责管理安全工作)。

(5)各级应制定所管辖范围的生产安全事故应急救援预案,建立应急救援组织,配备应急救援人员及应急救援器材、设备,并定期组织演练。

项目部根据工程特点、施工条件,对现场重大危险源进行监控,制定现场生产安全事故应急救援预案,建立应急救援组织,配备应急救援人员及应急救援器材、设备,并定期组织演练。

(6)各级领导应当保证公司职业健康安全管理体系持续有效运行所需的资源。

(7)公司对列入概算的安全作业环境及安全施工措施所需费用,应当用于施工安全防护用具及设施的采购和更新、安全施工措施的落实、安全生产条件的改善,不得挪作他用。

(8)公司各单位必须为从业人员提供符合国家或行业标准的劳动防护用品。作业人员必须按照使用规则正确配备、使用劳动防护用品。

(9)各级管理人员和施工技术人员应熟悉本规程的各项规定,操作人员必须熟悉施工现场安全管理规定及岗位安全操作规程,任何人不得违章指挥和违章作业。

(10)在施工组织设计中编制安全技术措施和施工现场临时用电方案,对下列达到一定规模的危险性较大的分部分项工程编制专项施工方案,并附加安全验算结果,经施工技术负责人、总监理工程师签字后实施,由专职安全生产管理人员进行现场监督。

3. 需编制专项施工方案的危险性较大的分部分项工程

(1)基坑支护与降水工程。

(2)土方开挖工程。

(3)模板工程。

(4)起重吊装工程。

(5)脚手架工程。

(6)拆除、爆破工程。

(7)国务院建设行政主管部门规定的其他危险性较大的工程。

上述所列工程中涉及深基坑、地下暗挖工程，高大模板工程的专项施工方案，还应当组织专家进行论证、审查。

4. 安全警示标志的设置

在施工现场入口处，施工起重机械、临时用电设施、脚手架、出入通道口、楼梯口、电梯井口、孔洞口、桥梁口、隧道口、基坑边沿，爆破物及有害危险气体和液体存放处等危险部位，设置明显的安全警示标志。安全警示标志必须符合国家标准。

5. 工程施工前应进行书面交底

工程施工前，负责项目管理的技术人员应对有关安全施工的技术要求按工程的分部分项向施工作业班组、作业人员进行书面详细交底，交底后由双方签字确认并注明交底日期。

6. 作业人员未经教育培训或者教育培训考核不合格的人员，不得上岗作业

作业人员进入新的岗位或者新的施工现场前，应当接受安全生产教育培训。未经教育培训或者教育培训考核不合格的人员，不得上岗作业。

在采用新技术、新工艺、新设备、新材料时，应当对作业人员进行相应的安全生产教育培训。

7. 施工单位应当为施工现场从事危险作业的人员办理意外伤害保险

二、安全名词解释

1. 施工现场

从事施工作业的任何工序或作业的场地。

2. 施工安全技术

研究施工中的安全问题，针对施工中不安全因素，研究控制措施，预防事故发生的技术。

3. 安全技术措施

以改善劳动条件、保护职工的安全和健康、防止伤亡事故、预防职业病和职业中毒为目的，从技术上采取的措施。

4. 高处作业

凡在坠落高度基准面 2m 以上(含 2m)有可能坠落的高处进行的作业。

5. 临边作业

施工现场中，工作面边沿无围护设施或围护设施高度低于 0.8m 时的高处作业。

6. 洞口作业

孔与洞边口旁的高处作业，包括施工现场及通道旁深度在 2m 及 2m 以上的桩孔、人孔、沟槽与管道、孔洞等边沿上的作业。

7. 安全防护装置

配置在施工现场及生产设备上，起保障人员和设备安全作用的所有附属装置。

8. 攀登作业

借助登高用具或登高设施，在攀登条件下进行的高处作业。

9. 悬空作业

在周边临空状态下，无立足点或无牢靠立足点的条件下进行的高处作业。

10. 交叉作业

在施工现场的上下不同层次，于空间贯通状态下同时进行的高处作业。

11. 脚手架

任何固定的、悬挂的或活动的临时结构，用于承载工人和材料或通过此种结构的支撑构件。

12. 吊装作业

将结构构件或设备用起重机械（或提升设备）提升至设计位置并直至固定的过程。

13. 施工现场临时用电

是相对于施工现场以外正式工业与民用“永久”性用电而提出来的一种专属施工现场内部的用电，是由施工现场临时用电工程提供电力并用于现场施工的用电。由于这种用电是随着建设工程露天施工而进行的，并且随着建设工程的竣工而结束，因而它具有明显的临时性、移动性和露天性。

14. 外电线路

施工现场临时用电线路以外的任何电力线路。不包括通信线路。

15. 安全电压

为防止触电事故而采用的由特定电源供电的电压系列。这个电压系列的上限值，在正常和故障情况下，任何两导体间或任一导体与地之间均不得超过交流(50Hz～500Hz)有效值50V。

16. 接地、接地体

将电气设备的金属外壳经过导体与埋入地中的金属导体相连接，称为接地。埋入地中的金属导体称为接地体。

17. 接地电阻

接地体对地电压与通过接地体流入地中电流的比值，称为接地电阻。如接地体中通过的电流为冲击电流（如雷电流），求得的电阻为冲击接地电阻；如接地体中通过的电流为工频电流，求得的电阻为工频接地电阻。

三、文明施工的基本要求

1. 对施工现场封闭管理的要求

(1)城区主要路段的施工现场周围必须连续设置高度不低于2.5m的围挡；一般路段的施工现场周围连续设置高度不低于1.8m的围挡。围挡材料采用硬质材料，做到坚固、平稳、整洁、美观。

(2)施工现场进出口应设置大门，门头设置企业标志，并设置灯箱或霓虹灯，夜间要保证亮起来。

(3)施工现场应制定门卫管理制度，进出口设置警卫室，由专职门卫人员值班。

(4)施工现场的大门进口处应设置"七牌两图"，适当位置设置宣传栏、读报栏、黑板报和安全标语。

1)七牌：

①工程概况牌。

②安全生产纪律牌。

③三清六好牌。

④文明施工管理牌。

⑤十项安全技术措施牌。

⑥工地消防管理牌。

⑦进入工地必须佩戴安全帽提示牌。

2)两图：

①施工现场总平面图。

②施工现场安全标志布置平面图。

(5)施工现场应针对作业条件在危险部位规范、整齐地悬挂统一内容和式样的安全标志牌。

2. 施工现场管理人员和作业人员应持证上岗：

施工现场管理人员和作业人员上岗时应整齐佩戴企业统一制作的工作卡，并持证上岗。

3. 对施工现场的道路、作业场地的要求

(1)城区主要路段建筑面积在 8000m² 以上或工期一年以上的工程，施工现场的道路、钢筋加工场地、木加工场地、混凝土搅拌场地、砂石料堆放场地，应采用混凝土硬化地面。其他工程的施工现场可采用其他方式进行地面硬化，保证平整坚实，无浮土，不积水。

(2)施工现场宜有循环干道。道路上不得堆放构件、材料，保持经常畅通。施工现场门口处，应设运输车辆冲洗设施，保证不带泥上路。

(3)施工现场的道路、作业场地、脚手架和塔吊等基础应设排水设施，形成排水网络，保证排水畅通。并设沉淀池，施工废水及雨水经过沉淀后方可排入城市排水系统。

4. 对现场材料标牌内容的要求

(1)施工现场堆放的工具、构件、材料应挂定型化的标牌，标牌上注明其名称、品种、规格、生产厂家、进场日期等。

(2)作业区及建筑物楼层内，每道工序、分项工程、分部工程完成后，建筑材料、构件、工具及时清捡规整，建筑垃圾及时清扫集中运走，做到工完场清，因故不能及时运走的，应分类型集中堆放整齐，并标明名称、品种。

5. 对料具、物品堆放的要求

(1)施工现场拆除下来的模板、支撑、脚手架料、垂直提升设备等杆件和施工余料，应及时分类运往规定地点堆放，不能马上运走的应堆放整齐。

(2)易燃易爆及有毒有害物品必须设专人管理，由专门仓库分类存放，严禁混放和露天存放。

6. 对导向牌设置的要求

施工现场应设置生产性临时设施、物资储存设施、办公和生活临时建筑。生活区、办公区应与施工区有明显的分界，并设置坚固美观的导向牌。

7. 对临时建筑物与在建工程的最小安全距离的规定

临时建筑物与在建工程的最小安全距离见表 1-1 的规定。

表 1-1 临时建筑物与在建工程的最小安全距离 (m)

在建工程高度	<4	5～15	15～30	>30
最小安全距离	2	3	4	5

因场地狭窄，不能达到上述要求的，应采取有效的安全防护措施。

8. 对施工现场仓库的搭建要求

施工现场的仓库应采用非燃材料搭建，用于存放易燃易爆及有毒有害物品的仓库，应与其他仓库保持一定距离，并加设安全标志。

各类仓库应保持良好通风，符合用电和防火规定。

9. 尚未竣工的建筑物内或地下室不可设置员工宿舍

施工现场的员工宿舍禁止设置在尚未竣工的建筑物内或地下室。

10. 对施工现场设置职工宿舍的规定

(1)室内高度不低于 2.6m，墙面应刷白，室内和门前地面采用水泥砂浆或不低于水泥砂浆标准的其他材料硬化。

(2)应坚固、美观、通风、保温、干燥，符合防火的有关规定。

(3)每间宿舍居住人数不超过 15 人。应设单人床或上下双层床，每人床铺面积不少于 $2m^2$，生活用具放置整齐。

(4)宿舍内应有卫生、防火、治安制度，防煤气中毒、消暑和防蚊虫叮咬措施。保持宿舍周围环境的卫生和安全。

(5)宿舍用电必须安全。灯具高度不低于 2.4m，低于 2.4m 时采用安全电压。

11. 对施工现场设置职工食堂的要求

(1)食堂必须有卫生许可证，炊事人员必须持有健康证。

(2)食堂室内高度不低于 2.8m，设透气窗，墙面抹灰刷白，地面抹水泥砂浆，灶台镶贴瓷砖。市区内工程大灶必须使用燃气、燃油灶具。设置隔油池及设污水排放设施，并有防尘、防蝇、防鼠措施。

(3)生、熟食必须分开放置；严禁食用无证、无照商贩的食品；每天应对餐具进行消毒。

(4)食堂距厕所、垃圾场所和其他有害物质的场所不少于30m，或设置有效隔离措施。

(5)食堂应建立卫生责任制度，责任到人。

12. 施工现场应设置水冲式厕所，并应符合要求

(1)地面应抹水泥砂浆，便池镶贴瓷砖。

(2)设纱窗、纱门，门口醒目标明“男厕所”、“女厕所”字样。

(3)高层建筑应隔层设置临时厕所。严禁随地大小便。

13. 对其他设施的要求

(1)有人员住宿的施工现场宜设立满足职工洗浴的淋浴室。

(2)施工现场应设饮水处，保证职工喝到符合卫生要求的开水。

(3)施工现场严禁吸烟，但应设置吸烟室。

(4)生活垃圾应分类存放，袋装或盛放在带盖的容器内，不得与施工垃圾混放，并及时清运。

四、现场消防

1. 对施工现场消防的主要要求

施工现场应当建立消防安全责任制度，设立消防领导小组，确定消防安全责任人，制定用火、用电、使用易燃易爆材料等各项消防安全管理制度和操作规程，设置消防通道、消防水源，配备消防设施和灭火器材，并在施工现场入口处设置明显标志，在公司各级编制的应急预案中体现有关消防方面的内容。

2. 建筑施工高度超过30m时的消防设施的要求

建筑施工高度超过30m时，应设置专用的消防管道、器具和专用水源，并随层设置消防阀门。立管直径不小于50mm，设加压泵和泵房。

3. 应对动火作业严格管理

施工现场应建立动火审批制度。凡在危险区域进行明火作业，必须经有关部门批准。作业时，应设专人监护，作业后，必须确认无火源危险时方可离开。

4. 应加强急救管理

(1)大型施工现场应设医务室，由专职医生值班。一般施工现场应配备保健药箱和一般常用药品，并由医生巡回医疗。施工现场均应配备急救器材和经过培训的急救人员。

(2)施工现场应建立职工登记制度，对职工的姓名、性别、年龄、家庭住址、来源地、健康状况、联系方式、身份证号码等进行登记造册，并每天进行人员清点。

(3)施工现场应经常开展卫生防病宣传教育，增加职工的卫生防病知识。

5. 严把不扰民管理

(1)施工现场应建立施工不扰民的措施，有责任人管理和检查。

(2)施工现场应针对施工工艺采取防尘和防噪音措施，并定期对施工现场的噪声进行监测，填写记录。在允许的施工时间之外必须施工时，应由当地市环保部门批准。

(3)施工现场不得焚烧有毒、有害物质和随意抛撒建筑垃圾。

第三节 施工现场临时用电安全管理

一、一般规定

1. 施工现场临时用电工程中允许采用的低压电力系统

施工现场临时用电工程中采用中性点直接接地的380/220V三相四线制的低压电力系统。

2. 施工现场临时用电的一般安全规定

(1)临时用电安全技术档案的内容应按临电规范规定的内容整理，由现场主管电气的技术人员负责建立与管理，于临时用电设施拆除后统一归档。

(2)施工现场需要用电时，必须提前提出申请，经用电管理部门或现场负责人批准，通知维护班组进行接引。

(3)接引电源工作，必须由维护电工进行，并应设专人进行监护。

(4)施工现场办公室及职工宿舍严禁其他任何非电工作业人员私自乱接热水器、电热毯等电器。

(5)施工用电完毕后，应由施工现场用电负责人通知维护班组进行拆除。

二、临时用电施工组织设计

1. 施工现场临时用电施工组织设计和安全用电技术措施

(1)施工现场临时用电设备在5台及5台以上者或设备总容量在50kW及50kW以上者，应编制临时用电施工组织设计。

(2)临时用电设备在5台以下和设备总容量在50kW以下者，应制定安全用电技术措施和电器防火措施。

2. 施工现场临时用电编制施工组织设计的安全要求

(1)施工现场(项目经理部)所编写的临时用电施工组织设计，必须符合《施工现场临时用电安全技术规范》(附条文说明)(JGJ 46—2005)(以下简称临电规范)中的有关规定。

(2)临时用电施工组织设计(方案)必须由电气技术人员编制，技术负责人审核，经上级技术主管部门批准后实施。

(3)临时用电施工组织设计必须单独编制,并能指导施工,作为施工的依据。

(4)变更或对临时用电施工组织设计进行补充修改时,必须履行上述3条规定手续。并补充施工图纸。

(5)施工前电气技术人员,应依据施工组织设计对维护班组进行书面安全技术交底,并履行签字、验收、复查等手续。

(6)临时用电工程完工后,按临电规范要求进行验收。验收合格后方可正式运行。

三、外电防护

1. 在建工程与外电架空线的安全距离

(1)在建工程(含脚手架)与外电架空线路边线之间必须保持最小安全操作距离:1kV以下为4m;1～10kV为6m;35～110kV为8m;154～220kV为10m;330～500kV为15m。

(2)对达不到最小安全操作距离要求时,必须采取防护措施,增设屏障、遮拦、围栏或防护网,并设置醒目的警示标志。施工现场外电防护宜采用搭设木脚手架,并用绝缘材料进行立面防护。在架设防护设施时,应在确认线路停电后实施,并应有电气工程技术人员或专职安全员负责监护。

2. 高、低压线路下方的安全要求

(1)在建工程不得在高、低压线路下方施工,高、低压线路下方,不得搭设作业棚、建造生活设施,或堆放构件、架具、材料及其他杂物等。

(2)旋转臂架式起重机的任何部位或被吊物边缘与10kV以下架空线路边线最小水平距离不得小于2m。

(3)施工现场的机动车道与临时用电线路交叉时,临电线路的最低点距路面的垂直距离的最小安全操作距离应符合临电规范要求。

四、接零保护与防雷保护

1. 施工现场接零保护的安全要求

(1)在施工现场专用的中性点直接接地的电力线路中必须采用TN－S接零保护系统。电气设备金属外壳必须与专用保护零线连接。专用保护零线(以下简称保护零线)应由工作接地线、配电室的零线或第一级漏电保护器电源侧的零线引出。

(2)当施工现场与外电线路共用一个供电系统时,电气设备应根据当地的要求作保护接零或保护接地。在同一电源供电的系统内,不得一部分设备做保护接零,另一部分设备做保护接地。

(3)保护零线除在总配电箱处作重复接地外,还必须在配电线路的中间和末端处及负荷集中场所做重复接地。

(4)保护零线的截面,应不小于工作零线的截面,同时满足机械强度要求。与电气设备相连的保护零线应为截面不小于2.5mm^{2}绝缘多股铜导线。保护零线的统一标志为黄/绿双色线,在任何情况下,不准使用黄/绿双色线作负荷线。

(5)保护零线不得装设开关或熔断器。

(6)保护零线应单独敷设,不作他用。重复接地线应与保护零线相连接。

(7)电力变压器或发电机的工作接地电阻值不得大于4 Ω。每一重复接地的接地电阻值应不大于10 Ω。

(8)施工现场所有用电设备,除作保护接零外,必须在设备负荷线的首端处设置漏电保护器。

(9)架空线路终端、总配电箱或区域配电箱与电源变压器的距离超过50m以上时,其保护零线(PE线)应作重复接地。

(10)用电设备的保护零线应并联接零,严禁串联接零。

2. 施工现场防雷保护的安全要求

(1)施工现场和临时生活区内高度在20m及以上的井字架、脚手架、正在施工的建筑物以及塔吊、机具、烟囱、水塔、滑模平台等设施,均应按规定装设防雷保护装置,当在其他永久性建筑物、构筑物防雷设施保护范围内时,可不再另设。

(2)施工现场所有防雷装置的冲击接地电阻值不得大于30 Ω。

(3)各机械设备、设施的防雷引下线可利用设备(设施)的金属结构体,但应保证电器连接。其接地体可利用在建工程的联合接地体。在没有完成主体地下施工或回填土工程未完成时应按规定加打人工接地极。

五、架空线路与电缆敷设

1. 架设架空线路的安全要求

(1)架空线路必须采用绝缘铜线或绝缘铝线,且必须设在专用电杆上,严禁架设在树木、脚手架上。架空线路的相序排列与截面选择应符合临电规范要求。

(2)架空线路的档距不得大于35m;线间距离不得小于0.3m。多层架设时,横担的最小距离不低于0.6m。

(3)架空线路宜采用混凝土杆或木杆。混凝土杆不得漏筋,不得有环向裂纹和扭曲等缺陷,木杆材质必须坚实,不得有腐朽、劈裂及其他损伤,其梢径应不小于130mm。电杆的埋设深度宜为杆长的1/10或不小于0.6m,拉线等的设置应符合临电规范的要求。

(4)当施工现场几种线路同杆架设时,高压线路必须位于低压线路上方;电力线路必须位于通信线路上方。

(5)架空线路同一档距内,一根导线的接头不得多于1个;同一条线路在同一档距内接头不应超过2个。架空线路跨越公路、铁路或其他电力线路及厂内道路处不应有接头。

(6)架空线路的最大弧垂,离地面应高于4m;跨越马路时应高于6m;跨越建筑物屋顶时距顶部应大于2.5m。

2. 电缆敷设的安全要求

(1)电缆干线应采用埋地或架空敷设,严禁沿地面明设,并应避免机械损伤和介质腐蚀。

(2)电缆应沿道路边或建筑物边缘埋设，并宜沿直线敷设；转弯处和直线段每隔20m应设置电缆走向标志。

(3)电缆直埋时，敷设深度应不小于0.6m，电缆上下应铺以软土或砂土，其厚度不得小于50mm，然后覆盖砖等硬质保护层。

(4)电缆穿越建筑物、构筑物、道路、易受机械损伤的场所及引出地面从2m高度至地下0.2m处，必须做防护套管。

(5)电缆架空敷设时，应沿墙壁或电杆设置，并用绝缘子固定，严禁使用金属裸线作绑线。固定点间距应保证电缆能承受自重所带来的荷重，橡皮电缆的最大弧垂距地不得小于2.5m。接头处应绝缘良好，不得承受张力，并应采取防水措施。

(6)在建高层建筑的临时电缆必须采用埋地引入。电缆垂直敷设的位置应充分利用在建工程的竖井、垂直孔洞等，并应靠近用电负荷中心，固定点每楼层不得少于1处。室内电缆水平敷设宜沿墙或门口固定，最大弧垂距地不得小于1.8m。

(7)电缆线路应尽量减少接头，埋地敷设电缆的接头应设在地面上接线盒口。电缆接头应能防水、防尘、防机械损伤并尽量远离易燃、易爆、易腐蚀场所。

六、配电箱及电气元器件的设置与安装

1. 配电箱设置与安装的安全要求

(1)施工现场配电系统采用三级配电、两级保护，设置总配电箱、分配电箱、开关箱，实行分级配电。

(2)动力配电箱与照明配电箱宜分别设置，如合置在同一配电箱内，则动力和照明配电线路应分路设置。

(3)总配电箱应设在靠近电源的地方，分配电箱应装设在用电设备或负荷相对集中的地区。分配电箱与开关箱的距离不得超过30m，开关箱与其控制的固定用电设备的水平距离不宜超过3m。

(4)配电箱、开关箱应装设在干燥、通风及常温场所，不得装设在有严重损伤作用的烟气、蒸汽等或其他有害介质中。不得设置在宜受外来物体打击、撞击或有剧烈振动、液体浸泡、液体飞溅及热源烘烤的场所。否则，必须做特殊的防护处理。

(5)配电箱、开关箱周围应有足够二人同时工作的空间和通道，其周围不得堆放任何有碍操作、维修的物品。

(6)配电箱、开关箱安装要端正、牢固，移动式的箱体应设在坚固的支架上。配电箱、开关箱应采用厚度不小于1.5mm铁板或优质绝缘材料制作。

(7)固定式配电箱、开关箱的下底与地面的垂直距离应在1.3～1.5m之间；移动式配电箱、开关箱的下底与地面的垂直距离应为0.6～1.5m。

(8)配电箱、开关箱中导线的进出口应设在箱体的下底面，严禁从箱顶、箱侧、箱后或箱门处进出线。

进、出线应加护套分路或成束并做防水弯，导线束不得与箱体进、出口直接接触。

移动式配电箱和开关箱的进、出线必须采用橡皮绝缘电缆。进入开关箱的电源线，严禁用插销连接。

(9)分配电箱、开关箱必须防雨、防尘。所有配电箱门应配锁，由专人负责管理。

(10)配电箱内的各种电器应按规定的位置固定在安装板上，不得歪斜和松动。

(11)配电箱、开关箱内的工作零线应通过接线端子板连接，并应与保护零线接线端子板分设，严禁采用“鸡爪”式接线方式。

(12)配电箱和开关箱的金属箱体、金属电器安装板以及箱内电器的不应带电金属底座、外壳等必须作保护接零，保护接零应通过接线端子板连接。

(13)配电箱应按临电规范要求装设隔离开关和具有过负荷和短路保护功能的漏电保护器或空气断路器。

(14)每台用电设备应有各自专用的开关箱，必须实行“一机、一箱、一闸、一漏”制，严禁一个开关电器直接控制两台及以上用电设备(含插座)。

(15)开关箱内必须装设隔离开关和漏电保护器，漏电保护器应装设在设备负荷线的首端。开关箱内的漏电保护器其额定漏电动作电流应不大于30mA，额定漏电动作时间应小于0.1s。使用于潮湿和有腐蚀介质场所的漏电保护器应采用防溅型产品，其额定漏电动作电流应不大于15mA，额定漏电动作时间应小于0.1s。

(16)总配电箱与开关箱中两极漏电保护器的额定漏电动作电流和额定漏电动作时间应作合理配合，使之具有分级分段保护功能。

2. 电气元器件设置与安装的安全要求

(1)手动开关电器只许用于直接控制照明电路和容量不大于5.5kW的动力电路。容量大于5.5kW的动力电路应采用自动开关控制(如：磁力启动器、接触器)。对于11kW以上的用电设备则应用降压起动装置控制(如：自耦变压器或△－Y控制电路)。

(2)各种开关电器的额定值应与其控制用电设备的额定值相适应。

(3)保险丝、保险片、保险管的容量大小，应按其控制的设备容量的1.5～2倍选取；照明按其额定电流的1倍选取。三相开关的保险容量、大小应一致。

(4)保险丝按“S”形用平垫压紧，同时将熔体按入灭弧槽内；保险片斜口在上方，直口在下方。不得随意剪切，改变容量；保险管内的石英砂应将空间填满，不得使熔体变形。严禁用其他金属材料如：铜线、铝线、铜丝等代替熔丝。

七、变配电设施及自备电源

1. 变、配电所选址的安全要求

(1)靠近电源，交通运输方便。

(2)接近负荷中心，便于线路的引入和引出。

(3)所区不受洪水冲浸、不积水，地面排水坡度不小于0.5%。

(4)设在污染源的全年最小频率风向下风侧，并避开易燃易爆危险地段和有剧烈振动的场所。

2. 变、配电室建筑的安全要求

(1)防雨、防风沙、防火等级不低于三级,其中变压器室不低于二级,室内应配置沙箱和绝缘灭火器。

(2)能够自然通风,采用百叶窗或窗口装金属网,金属网孔不大于10mm×10mm,通风条件不足的,应有可保障的人工通风。

(3)邻街采光高窗的下檐与室外地面高度不小于1.8m。

(4)配电室天棚距地面不低于3m,配电装置的上端距天棚不小于0.5m,门向外开并配锁,其高度和宽度便于设备出入。

(5)配电屏(盘)正面的操作通道宽度,单列布置不小于1.5m,双列布置不小于2m,配电屏(盘)后的维护通道宽度不小于0.8m,侧面维护宽度不小于1m。

(6)在配电室内设值班或检修室时,该室距配电屏(盘)的水平距离应大于1m,并采取屏障隔离。

3. 配电屏以及控制、配电、维修室等安全要求

(1)配电屏(盘)或配电线路维修时,应悬挂停电标志牌。停、送电必须由专人负责。

(2)发电机组及其控制、配电、维修室等,在保证电气安全距离和满足防火要求的情况下可合并设置也可分开设置。

(3)柴油机应有单独的排烟管道和消音器;发电机房内架空敷设的排烟管应设隔热层。地沟内的排烟管穿越油管时应采取防火措施。发电机房外垂直敷设的排烟管至发电机房的距离不得小于1m,排烟管的管口应高出屋檐,且不小于1m。发电机组的排烟管道必须伸出室外。发电机组及其控制配电室内严禁存放储油桶。

(4)移动式柴油发电机拖车上部应设防雨棚。防雨棚应牢固、可靠。周围4m内不得使用明火,不得存放易燃易爆物品。

(5)在双电源供电的施工现场,发电机组电源应与外电线路电源连锁控制(安装单刀双掷开关)并有独立的电源指示灯,严禁并列运行。

(6)发电机组应采用三相五线制中性点直接接地系统供电,并须独立设置。

(7)并列运行的发电机应装设同期装置,必须在机组同期后再向负荷供电。

(8)发电机的出口侧应装设短路保护、过负荷保护及低压保护等装置。

(9)发电机室内应设可在带电场所使用的消防设施,并应设在便于取用的地方。

八、电动机械与手持电动工具

1. 塔吊、外用电梯、起重机的安全要求

(1)塔吊、外用电梯、滑升模板的金属操作平台和需要设避雷装置的井字架(龙门架)等,除应做好保护接零外,还必须按规定做重复接地。

(2)轨道式起重机电缆收放通道附近应清洁,不得堆放其他设备、材料和杂物。必须安装自动卷线装置,自动卷线装置动作必须灵活可靠;电缆不得在地上拖拉。

(3)塔式起重机、外用电梯等应按规定设置防雷装置。测试合格后,设备方可使用。使用后,每季度复测一次。测试不合格的,根据有关规定或技术人员下发的技术措施进行修正。

(4)起重机附近应设置开关箱,开关箱内必须设置隔离开关和漏电保护器。未经有关人员批准,起重机上的电气设备和接线方式不得随意改动。

(5)需要夜间工作的塔吊,应设置正对工作面的投光灯。塔身高于30m时,应在塔顶和臂架端部装设防撞红色信号灯。

(6)外用电梯轿厢内、外均应安装紧急停止开关。

(7)外用电梯轿厢所经过的楼层,应设置有机械或电气连锁的定型的防护门或栅栏。

(8)每日工作前必须对外用电梯的行程开关、限位开关、紧急停止开关、驱动机构和制动器等进行空载检查,正常后方可使用。检查时必须有防坠落的措施。

2. 电动建筑机械或手持电动工具负荷线选用的安全要求

电动建筑机械或手持电动工具的负荷线,必须按其容量选用无接头的多股铜芯橡皮护套软电缆。

3. 施工现场电焊机的安全要求

(1)布置在室外的电焊机应设置在防雨和通风良好的地方。焊接现场不准堆放易燃易爆物品;

(2)电焊机开关箱内应设置隔离开关和漏电保护器,并应装设二次空载降压保护器;

(3)交流弧焊机一次侧电源线长度应不大于5m,进线处必须装设防护罩。

(4)电焊机的二次侧必须选用橡皮护套铜芯多股软电缆。电缆长度不超过30m,二次线出线采用铜接线端子连接,且必须装设防护罩。

4. 手持式电动工具的选用安全要求

(1)一般场所应选用Ⅱ类手持电动工具,并应装设额定动作电流不大于15mA,额定漏电动作时间小于0.1s的漏电保护器。若采用Ⅰ类手持式电动工具,还必须做保护接零。

(2)露天、潮湿场所或在金属构架上操作时,必须选用Ⅱ类手持式电动工具,并应装设防溅型漏电保护器。严禁使用Ⅰ类手持式电动工具。

(3)狭窄场所如:锅炉、金属容器、地沟、管道内等,宜选用带隔离变压器的Ⅲ类手持式电动工具;若选用Ⅱ类手持式电动工具,必须装设防溅型漏电保护器。隔离变压器和漏电保护器控制开关等必须装设在狭窄场所外面,工作时应有人监护。

5. 电动机械与手持电动工具的开关箱、插座、漏电保护器等安全技术要点

(1)移动式电动工具开关箱的电源开关应采用双刀开关控制,其开关箱距离不应大于3m。

(2)移动式电动工具、手持式电动工具采用插座连接时，其插头、插座应无损伤、无裂纹，且绝缘良好。

(3)夯土机械、潜水泵、振捣机械、水磨石机械等必须装设防溅型漏电保护器，其额定漏电动作电流不大于15mA，额定漏电动作时间不大于0.1s。

(4)打夯机械操作时应有专人调整电缆，操作者必须按规定配备绝缘保护用品。电缆长度应不大于50m。严禁电缆缠绕、扭结或被夯土机械跨越。

九、室内配线及照明装置

1. 室内配线布线及绝缘子固定的安全要求

(1)室内配线应布线整齐，相对固定。使用橡皮绝缘软电缆和塑料护套线及采用绝缘铜线或绝缘铝线，应用瓷瓶、瓷夹或塑料夹敷设。距地面高度不得低于2.5m。

(2)进户线在室外处要用绝缘子固定，进户线过墙时应穿套管，距地面高度应大于2.5m，室外要做防水弯头。

2. 照明器具额定电压及安装的安全要求

一般场所的照明器具宜选用额定电压为220V。对下列特殊场所的照明器具应使用安全电压：

(1)隧道、人防工程，有高温、导电灰尘或灯具离地面高度低于2.4m等场所的照明，电源电压不应大于36V；

(2)潮湿和易触及带电体场所的照明电源电压不得大于24V；

(3)在特别潮湿的场所、导电良好的地面、锅炉或金属容器内工作的照明电源电压不得大于12V。

(4)室外灯具距地面不得小于3m，金属卤化灯具的安装高度不低于5m，室内灯具不得低于2.4m。插座接线时应符合规范要求，严禁在床头上设开关、插座。

(5)220V碘钨灯的安装高度不得低于3m，并保持水平，倾斜角不大于4°，只适宜用作固定灯具，外壳应作保护接零。当用作移动式灯具时，应采用36V碘钨灯。当移动不频繁时，也可采用220V碘钨灯，除外壳作保护接零外，还必须加装漏电保护器，移动人员应穿戴绝缘防护用品。

3. 使用行灯应符合如下安全要求

(1)电源电压不得超过36V，在金属容器和管道内使用时，电源电压不得超过12V。

(2)灯体与手柄应坚固、绝缘良好并耐热耐潮湿。

(3)灯头与灯体结合牢固，灯头无开关。

(4)金属网、反光罩、悬吊挂钩固定在灯具的绝缘部位上。

4. 照明系统的安全要求

(1)照明变压器必须使用双绕组型，严禁使用自耦变压器。行灯变压器一、二次侧均应装熔断器;金属外壳应做好保护接零。严禁将行灯变压器带进金属容器管道内使用。

(2)照明系统中的每一个单相回路上,灯具和插座的数量不宜超过25个,并装设熔断器和漏电保护器。

(3)灯具金属外壳必须作保护接零。照明开关箱(板)内必须装设漏电保护器。

(4)照明灯具与易燃物之间,应保持一定的安全距离,普通灯具不宜小于300mm;聚光灯、碘钨灯等高热灯具不宜小于500mm,且不得直接照射易燃物。

十、临时用电的安全管理

(1)施工现场临时用电施工,必须严格执行临时用电施工组织设计和安全操作规程。

(2)临时用电工程的安装、维修或拆除,必须由有关部门培训并取得上岗操作证的电工作业人员完成,电工进行作业时须严格执行本岗位安全操作规程。

(3)电工作业人员不得带电作业,当确需带电作业时,必须设监护人,严禁独立作业。作业人员必须正确使用电工器具。

(4)施工现场的电器线路必须保持良好的绝缘状况,并有防止人踩、车轧、水泡、土埋及物砸的措施。

(5)变电所(配电所)值班人员单独值班时,不得从事检修工作。变(配)电所必须配备足够的绝缘手套、绝缘杆、绝缘垫、绝缘台等安全工具及防护设备。

(6)送电操作顺序为:总配电箱—分配电箱—开关箱;停电操作顺序为:开关箱—分配电箱—总配电箱。当发生严重威胁人身及设备安全的紧急情况时,可以越位拉开负荷开关。

(7)停、送电前必须与各用电单位联系,严禁约时停、送电。

(8)使用设备前必须按规定穿戴和配备好相应的劳动防护用品,并检查电气装置和保护设施是否完好。严禁设备带"病"作业。

(9)机械操作人员负责保护所用设备的负荷线、保护零线和开关箱,发现问题及时报告。停用的设备必须拉闸断电,锁好开关箱。

(10)检查维修配电箱、开关箱时,必须将前一级相应的电源开关分闸断电,并悬挂停电标志牌,严禁带电作业。

(11)施工中不用的用电线路应及时切断电源或拆除。

(12)雨淋、水泡、受潮的电气设备应进行干燥处理,并摇测绝缘电阻,合格后方可使用。

第二章　土石方工程及桩基工程的安全知识

第一节　土石方工程

一、土石方开挖

1. 土石方开挖安全施工的一般规定

(1)土石方和基础施工前，必须了解土质、地下水等情况，查清地下埋设的管道、电缆和有毒有害等危险物以及文物古迹的位置、深度走向，并加设标记，设置防护栏杆。按规定编制施工方案，进行审批，施工方案中必须包括安全技术措施相关内容；项目部应在各工序施工前根据施工方案对班组进行安全技术交底和技术交底，并履行签字手续。同时应贯彻先设计后施工；先支撑后开挖；边施工边监测；边施工边治理的原则。

(2)对操作人员进行安全技术教育，并认真布置现场的安全防护设施，配备施工人员所必需的安全保护用品。

(3)在夜间或者自然光线不足的场所进行工作，应设置足够的照明设备，高度不能低于3m。

(4)特种作业人员(焊工、架子工、起重司机与指挥、厂内机动车驾驶、电工等作业人员)必须持证上岗。

(5)现场使用的机械设备进场时应进行验收，设备状况完好方可进场，并作记录；计量器具应有检定合格证或标志。

(6)供电线路按TN-S布置，三级配电二级保护，实施“一机一闸一箱一漏”配置。雷雨天停止施工，要切断电源。

(7)机械维修必须停电作业，配电箱应加锁，否则派专人监控。机械传动部分设防护罩以免伤人。

(8)基坑(槽)开挖过程中，应采取措施防止碰撞支护结构、工程桩或扰动基底原状土。基坑壁坡度要符合有关规定。

(9)当基坑(槽)开挖深度大于相邻建筑的基础深度时，应保持一定距离或采取边坡支撑加固措施，并进行沉降和位移观测。

(10)施工中发现事先未预料到的各种管线或不能辨认的物品时，应停止施工，及时报告有关部门，采取相应措施后，方可继续施工。

(11)基坑(槽)深度超过2m时，应按《建筑施工高处作业安全技术规范》(JGJ 80)的规定设置临边防护措施。当深基坑施工中形成立体交叉作业时，应合理设置机位、人员、运输通道。

(12)基坑(槽)上下必须设置专用通道,应先挖好阶梯或设置稳固靠梯,或开坡道,采取防滑措施,禁止踩踏支撑上下。施工作业人员上下基坑必须走专用通道,不准攀爬模板、脚手架,以确保安全。

(13)基坑(槽)周边严禁超堆荷载。挖出的土应及时运走。如需要临时堆土或留作回填土时,堆土坡脚下至基坑上部边缘距离不少于 1.2m ,弃土堆置高度不超过 1.5m。软土地区不宜在挖土上侧堆土。

(14)基坑(槽)的支撑应经常检查是否有松动变形等不安全迹象,特别是雨后及冻融期间更应加强检查。

(15)施工现场的井、洞、坑、池等危险部位必须有防护栏杆或防护篦等防护设施和醒目的警示标志。特别是在街道、居民房、外车道和现场通道附近开挖时,不论深度大小都要设置警示标志和高度不低于 1.2m 的双道防护栏或定型护身栏,夜间还要设红色标灯。

(16)人工开挖前,应详细检查所用工具是否完好,对活动、开裂、断把的工具必须及时修理和加固,防止在施工过程中脱落伤人。

(17)在沟槽(坑)开挖过程中,要根据方案要求进行放坡和必要的支撑加固。

(18)开挖中如遇土体不稳,发生坍塌,水位暴涨等紧急情况时,应立即停工,工人撤至安全地点。当工作场地发现防护设施毁坏失效,或工作等不足以保证安全作业时,亦应暂停施工,待恢复正常后方可继续施工。

(19)开挖土方的操作人员之间,必须保持足够的安全距离:横向间距不小于 2m,纵向间距不小于 3m。

(20)开挖过程中如遇地下水涌出,应先排水,后开挖。

(21)严禁采用掏洞挖土的操作方法进行施工。

(22)进行沟槽(坑)作业施工时,上方人员不得向沟槽内乱扔砖石碎块或与沟槽(坑)内作业人员嬉闹。

(23)施工现场垂直提升机械作业时,应设专人指挥,在升降过程中沟槽(坑)内作业人员应及时避让。

(24)所有工具、材料均不得向沟内抛掷和倾倒,应用绳系送或机械吊运。下料时,沟槽(坑)内下料点应停止作业,并不得在吊运机械、设备作业面下停留或通过。

(25)在深坑、深井内作业,必须保持井坑内通风良好,并加强对有毒有害气体的检测,防止发生中毒事故。

(26)在靠近建筑物、设备基础、电杆及各种脚手架附近进行挖土作业时,必须采取安全防护措施。

(27)在电杆附近挖土时,对于不能取消的拉线地垄及杆身,应留出土台。土台半径:电杆为 1～1.5m,拉线为 1.5～2.5m,并视土质决定边坡坡度。土台周围应插标杆示警。

(28)在施工现场电力、通讯电缆2m范围内和燃气、热力、给排水等管道1m范围内挖土时，必须在施工单位技术人员的监护下采取人工开挖。

(29)开挖沟槽(坑)两侧需堆放土、材料时，不得紧贴构筑物，并应距沟槽(坑)边1.2m以外，堆放高度不得超过1.5m，距沟槽(坑)边缘3～5m间堆土高度不得超过2.5m。且不得压盖消防井、煤气(热力)井、电缆井、收水井等设施，堆土顶应向外侧设排水坡度。停放车辆、设备、起重机械、振动机械距沟槽(坑)边应不少于4m。小翻斗在往沟槽里卸料时，要设专道，并在沟槽(坑)边缘1m处设限制器。

(30)土方开挖过程中应修出临时排水沟，并经常清理，保证流水畅通。

(31)沟槽(坑)周围要设围挡并悬挂警示牌，夜间应挂设红色警示灯。

(32)在沟槽(坑)开挖过程中，如需加设栈桥，应进行设计计算。加设时，各构件的安装应做到支设平稳，连接牢固，栈桥周围应有防水和排水措施。

(33)栈桥两侧面应设置防护栏杆，由上、下两道横杆及栏杆组成，其中上杆距防护面高度为1.0～1.2m；下杆距防护面高度为0.5～0.6m，或用挡板将两侧面封闭，两端应设置醒目的警示牌和红灯。

2. 基坑壁坡度的安全要求

基坑坑壁坡度见表2-1。

表2-1　基坑坑壁坡度

土的类别		边坡值(高：宽)
砂土(不包括粉砂、细砂)		1：1.25～1：1.5
一般性黏土	硬	1：0.75～1：1
	硬、塑	1：1～1：2.5
	软	1：1.5或更缓
碎石类土	充填坚硬、硬塑黏性土	1：0.5～1：1
	充填砂土	1：1.00～1：1.5

注：①设计有要求时，应符合设计标准。

②如采用降水或其他加固措施，可不受本表限制，但应计算复核。

③开挖深度，对软土不应超过4米，对硬土不应超过8米。

3. 土石方安全开挖应做好的施工准备

(1)土方开挖前，应该进行必要的地质调查、场地水文和基坑周边环境勘察。将施工区域内的地上、地下障碍物清除和处理完毕。

(2)基坑(槽)边界周围应设排水沟，排水沟断面尺寸一般为0.5m×0.5m，坡度以施工现场地势情况为主，一般坡度为3‰，且应采取措施避免漏水、渗水进入坑内。

(3)对邻近建筑物或构筑物，应根据具体情况采取安全措施，以防止开挖时影响其基础和地基的稳定。

(4)基坑(槽)开挖前，要按照土质情况、基坑深度以及周边环境确定开挖及支护方案。

(5)建筑物或构筑物的位置或场地的定位控制线(桩)、水准基点及基槽的灰线尺寸,必须经过检验合格,并办完预检手续。

(6)开挖低于地下水位的基坑(槽)、管沟时,应根据当地的地质资料,采取措施降低地下水位,一般要降至低于开挖面的 0.5m,然后再开挖。

(7)作业前,应查明施工场地明、暗设置物(电线、地下电缆、管道、坑道等)和地点及走向,并采用明显记号表示。严禁在离电缆1m 距离以内作业。

4. 人工挖土的安全要求

(1)土方挖掘方法、挖掘顺序应根据支护方案和降、排水要求确定。当采用局部或全部开挖时,放坡坡度应满足其稳定性要求。

(2)挖土应自上而下、分层分段按顺序进行,软土基坑(槽)必须分层均衡开挖,层高不宜超过 1m。严禁先挖坡脚或逆坡挖土,或采用底部掏空塌土方法挖土。

(3)操作时应注意土壁变动情况,如发现有裂纹或部分坍塌现象,应及时进行支撑或放坡,并注意支撑的稳固和土壁的变化。

(4)基坑(槽)开挖时,两人操作间距应大于 2.5m。严禁掏洞挖土、搜底挖槽。

(5)钢钎破冻土、坚硬土时,扶钎人应站在打锤人侧面用长把夹具扶钎,打锤范围内不得有其他人停留。锤顶应平整,锤头应安装牢固。钎子应直且不得有飞刺。打锤人不得戴手套。

(6)从槽、坑、沟中吊运送土至地面时,绳索、滑轮、钩子、箩筐等垂直运输设备、工具应完好牢固。起吊、垂直运送时,下方不得站人。

(7)人工挖土前,应详细检查所用工具是否完好,对活动、开裂、断把的工具必须及时修理和加固,防止在施工过程中脱落伤人。

5. 土方开挖采用的施工机械

挖掘机、推土机、铲运机、厂内车辆。

6. 机械挖土的安全要求

(1)挖掘机开挖前进应先发出信号。挖掘机转臂范围内不得进行其他工作。装土时,车上不得有人停留。

(2)在坑边使用机械反铲挖土时,应考虑附加侧应力,对支撑的强度进行验算如果不足,必须加固。

(3)开挖边坡土方,严禁切割坡脚,以防导致边坡失稳;当山坡坡度陡于五分之一,或在软土地段,不得在挖方上侧堆土。

(4)机械挖土应分层进行,合理放坡,防止塌方、溜坡等造成机械倾翻、掩埋等事故。用推土机回填,铲刀不得超出坡沿,以防倾覆。陡坡地段堆土需设专人指挥,严禁在陡坡上转弯。

(5)机械行驶道路应平整、坚实;必要时,底部应铺设枕木、钢板或路基箱垫道,防止作业时下陷;在饱和软土地段开挖土方,应先降低地下水位,防止设备下陷或基土产生侧移。

(6)操作时应注意土壁变动情况,如发现有裂纹或部分坍塌现象,应及时进行支撑或放坡,并注意支撑的稳固和土壁的变化。

(7)多台阶同时开挖时,应验算边坡的稳定,根据规定和验算结果确定挖掘机与边坡的安全距离。

(8)多台机械同时开挖时,挖掘机之间的距离应大于10m。

(9)挖掘机操作中进铲不应过深,提斗不应过猛,一次挖土高度一般不能高于4m。

(10)夜间作业,机上及工作地点必须有充足的照明设施,在危险地段应设置明显的警示标志和防护栏。

(11)基坑(槽)开挖深度超过3m以上,使用吊装设备吊土时,起吊后,坑内操作人员应立即离开吊点的垂直下方,起吊设备距坑边一般不得少于1.5m,坑内人员应戴安全帽。

(12)施工作业当中,机动车辆除驾驶员外,驾驶室不得乘坐其他任何人员。

(13)机械挖土施工时,必须保证一定的施工场地,施工范围内不得安排其他作业。

(14)机械在危险地段作业时,必须设明显的安全警告标志,并应设专人站在操作人员能看清的地方指挥。驾驶人员只能接受指挥人员发出的规定信号。

(15)机动车辆与装卸机配合挖土时,必须与人工挖土面保持5m以上距离,机械回转半径之内严禁人员通过。

(16)在有支撑的沟槽(坑)中,使用机具设备挖土时,不得碰撞支撑、锚杆和降水设施。沟槽(坑)内施工人员未离开挖土机臂杆旋转半径范围时,机械操作人员不得从事挖土作业。

(17)配合机械作业的清底、平地、修坡等辅助工作应与机械作业交替进行。机上、机下人员必须密切配合,协同作业。当必须在机械作业范围内同时进行辅助作业时,应停止机械运转后,辅助人员方可进入。

7. 施工用机械安全的一般规定

(1)机械设备操作人员应体检合格,无妨碍作业的疾病和生理缺陷,并应按有关规定经过专业培训、考核合格取得操作资格证书后,方可持证上岗作业。学员应在专人指导下进行工作。

(2)机械设备操作人员和指挥人员在作业过程中严格遵守安全操作规程,集中精力正确操作,不得擅自离开工作岗位或将机械交给其他无证人员操作。严禁无关人员进入作业区或操作室内。

(3)机械发生故障后及时检修,严禁带病运行。不违规操作,杜绝机械伤害事故。

(4)在工作中操作人员和配合机械作业人员必须按规定穿戴好个人劳动防护用品,长发应束紧不得外露。

(5)登高 2 米以上进行机械维修必须穿防滑鞋，并系好安全带，工具和其他物件应放入工具包内，高处作业人员不得向下随意抛物。

(6)现场施工负责人应为机械作业提供道路、水电、机棚或停机场地等必备的条件，并消除对机械作业有妨碍或不安全的因素。

(7)遇有大雨、大雪、大雾及风力六级以上(含)六级等恶劣天气，必须停止露天作业。严禁在带电的高压线下或达不到安全距离的一侧作业。

(8)机械上和各种安全防护装置及监测、指示、仪表、报警等自动报警、信号装置应完好齐全，有缺损时应及时修复。安全防护装置不完整或已失效的机械不得使用。

(9)机械起动前将离合器分离或将变速杆放在空挡位置。确认机械周围无人和障碍物时，方可作业。

(10)行驶中人员不得上下机械和传递物件；禁止在陡坡上转弯、倒车和停车；下坡不准空挡滑行。

(11)停车以及在坡道上熄火时，必须将车刹住，刀片、铲斗落地。钢丝绳禁止打结使用，如有扭曲、变形、断丝、锈蚀等应及时更换。

(12)在机械运行中会产生对人体有害的气体、液体、尘埃、渣滓、放射性射线、振动、噪声等场所，必须配置相应的安全保护设备和三废处理装置；在桩基基础施工中，应采取措施，使有害物限制在规定的限度内。

(13)机械运行中，严禁接触转动部位和进行检修。在修理(焊、铆等)工作装置时，应使其降到最低位置，并应在悬空部位垫上垫木。

(14)在施工中遇下列情况之一时应立即停工，待符合作业安全条件时，方可继续施工：

①填挖区土体不稳定，有发生坍塌危险时。

②气候突变，发生暴雨、水位暴涨或山洪暴发时。

③在爆破警戒区内发出警报信号时。

④地面涌水冒泥，出现陷车或因雨发生坡道打滑时。

⑤工作面净空不足以保证安全作业时。

⑥施工标志、防护设施损毁失效时。

8. 挖掘机作业的安全要求

(1)作业前应进行检查，确认大臂和铲斗运动范围内无障碍无其他人员，鸣笛示警后方可作业。检查机械是否符合下列要求：

①照明、信号惯用语报警装置等齐全有效。

②燃油、润滑油、液压油符合规定。

③各铰接部分连接可靠。

④液压系统无泄漏现象。

⑤轮胎气压符合规定。

(2)挖槽时，应按照安全技术交底要求放坡、堆土，严禁在机身下方掏挖，履带或轮胎应与沟槽边保持1.5m以上的安全距离。

(3)在作业和行走时，除驾驶室外挖掘机其他任何地方均严禁乘坐或站立人员。严禁靠近架空输电线路作业，机械与架空输电线路的安全距离应符合有关规定。

(4)作业时，各操纵过程应平稳，不宜紧急制动。铲斗升降不得过猛，下降时不得碰撞车架或履带。

(5)斗臂在抬高及回转时，不得碰到洞壁、沟槽侧面或其他物体。

(6)作业时，挖掘机应保持水平位置，将行走机构、回转机械制动住，并将履带或轮胎楔紧。当铲斗未离开工作面时，不得做回转、行走等动作。

(7)装车时，严禁车厢内有人。铲斗要尽量放低，不得碰撞汽车任何部分。在汽车未停稳或铲斗必须越过驾驶室装车但司机未离开车前不得作业。

(8)操作人员离开驾驶室时，必须将铲斗落地并关闭发动机，挖掘机停放场地应平整坚实。

(9)作业后应将机械擦拭干净，冬天必须将机体和水箱内水放净(防冻液除外)。关闭门窗加锁后方可离开。

9. 推土机作业的安全要求

(1)推土机行驶前重点检查项目应符合下列要求：

①各部件无松动、连接良好。

②燃油、润滑油、液压油等符合规定。

③各系统管路无裂纹或泄漏。

④各操纵杆和制动踏板的行程、履带的松紧度或轮胎气压均符合要求。

(2)除驾驶室外，推土机的任何部位严禁载人。机械四周无障碍物，确认安全后方可开动。

(3)推土机向沟槽内推土时应设专人指挥。推铲不得越过沟槽边缘。

(4)双机、多机推土作业时，应设专人指挥。作业时，两机前后距离应大于8m，左右距离应大于1.5m。在狭窄道路上行驶时，未得前机同意，后机不得超越。

(5)不得用推土机推石灰、烟灰等粉尘物料和用作碾碎石块的作业。

(6)配合推土机作业者，必须与驾驶员协调配合。作业人员应站在机械运行前方5m或侧面1.5m以外，机械运行过程中，严禁人员上下。

(7)推土机上坡坡度不得大于25°，下坡坡度不得大于35°。在坡上横向行驶时，机身横向倾斜不得大于10°。在坡道上应均匀行驶，严禁高速下坡、急拐弯、空挡滑行。推土机在坡道上熄火时，应立即将推土机制动，并采取挡掩措施。

(8)操作人员离开驾室时，应将推铲落地并关闭发动机。

(9)作业完毕后，应将推土机开到平坦安全的地方，落下铲刀，有松土器的，应将松土器爪落下。在坡道上停机时，应将变速杆挂低速挡，接合主离合器，锁住制动踏板，并将履带或轮胎楔住。

10. 铲运机作业的安全要求

(1)作业前应检查油、水(包括电瓶水),应加足,并把操纵杆(包括离合器)放在空挡位置。检查钢丝绳、轮胎气压、铲土斗及卸土板回缩弹簧、拖把万向接头、撑架及固定钢索部分,以及各部滑轮等,液压式铲运机还应检查各液压管路接头、液压控制阀等,确认正确无误方可起动。手摇发动时防止摇把回弹,手拉绳起动时,不得将拉绳缠在手上。

(2)作业前铲运机的道路应清除障碍物(冻土、石块、杂物)。路面应比机身宽2m,行驶前严禁有人站在履带或刀片的支架上,确认安全方可起动。

(3)机械运转中,不准进行任何紧固、保养、润滑等作业。严禁用手触摸钢丝绳、滑轮、传动皮带等部件。

(4)严禁任何人上下机械、传动物件,以及在铲斗内,拖把或机架上坐立。

(5)两台铲运机同时作业时,拖式铲运机前后距离不得少于10m,自行式铲运机不得小于20m。平行作业时两机间隔不得小于2m。在狭窄地区不得强行超车。

(6)铲运机上下坡时,必须挂低挡行驶。不得途中换挡,下坡时不得脱挡滑行。在坡地上行走或作业,上下纵坡不得大于25°,横坡不得超过6°,坡宽应大于机身2m以上,在新填筑的土堤上作业时,离坡边不得少于1m,斜坡横向作业时,机身必须保持平稳。作业中不得倒退。

(7)作业中司机不准离开驾驶室。离开时,必须把变速杆扳到空挡,熄火后方可离开。

(8)在坡道上不得做保修作业 ,在陡坡上严禁转弯、倒车和停车。在坡上熄灭时应将铲斗落地,制动牢靠后,再起动发动机。

(9)铲土提斗时动作要缓慢,不得猛起猛落。

(10)铲土时应直线行驶,助铲时应有助铲装置,正确掌握斗门开启的大小,不得切土过深,两机要相互配合,等速行驶助铲平稳。

(11)铲运机陷车时,应有专人指挥拖拽,确保安全后,方可起拖。

(12)自行式铲运机的差速器锁,只能在直线行驶的泥泞路面上短时间使用,严禁在差速器锁住时拐弯。

(13)检修斗门或在铲斗下作业,必须把铲斗升起后用销子或锁紧链条固定,再用撑杆将斗身顶住,并制动住轮胎。

(14)作业完毕后,应将铲运机开出沟槽、基坑,停放在平坦地面上,并将铲斗落在地面上。液压操纵的应将液压缸缩回,将操纵杆放在中间位置。

(15)作业后应将机械擦拭干净,冬季必须将机体和水箱内水放净(防冻液除外)。关门窗加锁后方可离开。

11. 厂内车辆使用的安全要求

(1)车辆的安全防护装置必须齐全、灵敏有效。

(2)在施工现场行驶时,应遵守现场的限速规定。无限速规定时,可根据现场道路及周围人员情况确定车速，但最大时速不得大于15km/h。

(3)在施工现场特别是有井、坑的地方进行倒车时，应有专人指挥，倒车前先鸣笛，确认安全后方可倒车。

(4)使用起重机、装载机、挖掘机等装或卸车时，汽车驾驶员不得停留在驾驶室内。

(5)自卸车在沟槽边卸料时，应由专人指挥，卸料时汽车后轮距槽边不得小于1.5m，并设牢固挡掩，避免汽车冲入坑槽。

(6)配合挖掘机作业时，自卸汽车就位后应拉紧手动制动器，在铲斗必须越过汽车驾驶室时，驾驶室内不得有人停留。

(7)自卸汽车举升车厢检修、保养时，必须将车厢支撑牢固。

12. 坑壁支护与变形监测的安全要求

(1)根据不同的基坑深度和作业条件，采取合理的支护方法。支护结构的选用原则是因地制宜、安全、经济、方便施工。支护结构必须按照有关规范通过设计计算确定，并绘制施工详图。

(2)施工过程中严格按照监控方案实施监测，坑壁开挖过程中特别注意监测：

①支护体系变形情况。

②基坑外地面沉降或隆起变形。

③邻近建筑物动态。

有关人员应及时对监测结果进行综合分析，发现险情及时采取有效措施予以排除。

(3)施工过程中应根据场地及周边工程地质条件、水文地质条件和环境条件并结合基坑开挖及支护方案的要求，采取排水、降水、隔渗等地下水控制措施。

(4)降水过程应按要求进行降水流量观测。观测点位置和间距按设计需要布置。较大口径降水管井应进行防护。

二、土方回填

1. 土方回填安全施工的一般规定

(1)机械操作人员及配合人员均应正确佩戴好个人防护用品，不得赤脚、露体，听从信号工指挥。高处作业挂安全带，高空检修桩机不得向下乱丢物件，遇四级以上强风，停止作业。

(2)回填工作施工时应注意土壁变动情况，如发现有裂纹或部分坍塌现象，应及时进行支撑，并注意支撑的稳固和土壁的变化。

(3)在夜间或者自然光线不足的场所进行工作，应设置足够的照明设备，高度不能低于3米。

(4)已完填土应将表面压实，做成一定坡向或做好排水设施，防止地面雨水流入坑(槽)浸泡地基。

(5)对操作人员进行安全技术教育，并认真布置现场的安全防护设施，配备施工人员所必需的安全保护用品。

(6)机械工、电工要持证上岗。

(7)供电线路按 TN-S 布置，三级配电二级保护，实施“一机一闸一箱一漏”配置。雷雨天停止施工，要切断电源。夜间施工，必须有足够的照明设施。

(8)机械维修必须停电作业，配电箱应加锁，否则派专人监控。机械传动部分设防护罩以免伤人。

(9)在深沟槽(坑)回填时，应设专人现场监护，观察沟槽(坑)周围土状变化，发现沟槽(坑)壁有脱土、裂缝、支撑松动等情况时，应立即停止夯(压)实，待处理妥当后方可继续进行作业。

(10)回填过程中，需拆除固壁支撑时，应采取先上后下的办法拆除，现场必须有技术人员进行指导，严禁私自乱拆。

(11)取用槽帮土回填时，必须自上而下台阶式取土，严禁掏洞取土。应防止因机械震动或其他原因引起塌方。

(12)沟槽(坑)回填时，必须在管道两侧对称回填夯实。使用推土机回填时，严禁从一侧直接将土推入沟槽(坑)；用架子车或其他机动车辆向槽(坑)内倒土时，应距离槽(坑)边缘不小于 0.3m，并设置 0.3m 高的土挡或方木等，防止车辆滑入沟槽(坑)内；下土范围内不准有人。

(13)采用蛙式打夯机时，必须严格遵守用电安全操作规程，操作扶手须用绝缘胶布缠裹或穿胶管，操作人员必须穿戴绝缘用品。

(14)使用打夯机前，必须由电工接装电线、闸箱等，检查线路、接头、零线及绝缘情况，并经试夯确认后方可作业。

(15)夯土机械的负荷线应采用橡皮护套铜芯电缆，电缆线必须完好无损。夯土时应有专人调整电缆，并与操作人员密切配合，严禁在打夯机前扔电缆和背线拖拉前进。电缆线不应扭结和缠绕，不得夯及电缆线。停用或搬运打夯机时，应切断电源。电缆线长度应不大于 50m，并应安装相匹配的漏电保护器。

2. 土方回填安全施工的准备工作

(1)基础或管沟的混凝土应达到一定强度，不致因填土造成两侧压力不平衡，使基础变形或倾倒。

(2)基坑(槽)的支撑应经常检查是否有松动变形等不安全迹象，特别是雨后及冻融期间更应加强检查。

(3)人员进行安全技术教育，并认真布置现场的安全防护设施，配备施工人员所必需的安全保护用品。

3. 人工回填的安全要求

(1)用手推车运土，应先平整好道路。卸土回填，不得放手让车自动翻转。

(2)深基坑(槽)上下应先挖好阶梯或设置靠梯，或开坡道，采取防滑措施，禁止踩踏支撑上下。深度超过 2m 的基坑(槽)施工，基坑周边设置防护设施。

4. 土方回填采用的施工机械

蛙式打夯机、铲运机、自卸汽车、推土机、机动翻斗车、压路机。

5. 机械回填的安全要求

(1)推土机使用钢丝绳牵引重物时,附近不得有人。

(2)向边坡推土,刀片不得超过坡边,并在换好挡后才能提升刀片倒车;推土机上下坡不得超过35°,横坡行驶不得超过10°。

(3)采用翻斗车或自卸汽车运土时,不得直接倒入沟槽(坑)内。

(4)采用机械碾压时,应遵守压实机械有关安全技术操作规程。

6. 蛙式打夯机作业的安全要求

(1)每台打夯机的电机必须是加强绝缘或双重绝缘电机。

(2)打夯机操作开关必须使用定向开关,并保证动作灵敏,且进线口必须加胶圈。每台打夯机必须单独使用闸具或插座。电源线和零(地)线与定向开关,电机接线柱连接处必须加接线端子与之紧固。

(3)打夯机必须配有专用的开关箱,并按规定安装漏电保护器,导线长度不得大于50 m。

(4)打夯机扶手上的按钮开关和电动机的接线均应绝缘良好。当发现有漏电现象时,应立即切断电源,进行检查。打夯机的操作手柄必须加装绝缘材料。

(5)每班前必须对夯机进行以下检查:

①各部电气部件的绝缘及灵敏程度,零线是否完好,电缆线接头绝缘良好。

②传送皮带松紧度是否合适,与偏心块连接是否牢固,大皮带轮及固定套是否有轴向窜动现象。

③电缆线是否有扭结、破裂、折损等可能造成漏电的现象。

④整体结构是否有开焊和严重变形现象。

⑤转动部分有防护装置,并进行试运转,确认正常后,方可作业。

(6)进行夯实作业时,每台打夯机应设两名操作人员,一人扶夯,一人持电缆。操作人员和持线人均应戴绝缘手套,穿绝缘鞋。持线人应跟在夯后或两侧,不得强拉电缆,电缆线不得扭结或缠绕。一人操作打夯机,一人随机整理电线。

(7)操作打夯机者应先根据现场情况和工作要求确定行夯路线,操作时按行夯路线随打夯机直线行走。严禁强行推进、后拉、按压手柄、强行猛拐弯或撒把不扶,任打夯机自由行走。

(8)作业过程中,严禁电缆线被夯击,且电缆线不得张拉过紧,随机整理电线者应随时将电缆整理通顺,盘圈送行,要保持3~4m的余量。发现电缆有扭结缠绕、破裂及漏电现象,应及时切断电源,停止作业。

(9)夯实填高土方时,应在边缘以内100~150mm夯实2~3遍后,再夯实边缘。

(10)在较大基坑作业时,不得在斜坡上夯行,应避免造成夯头后折。

(11)夯实房心土时,夯板应避开房心内地下构筑物、钢筋混凝土基桩、机座及地下管道等。

(12)在建筑物内部作业时,夯板或偏心块不得打在墙壁上。

(13)打夯机作业前 2m 内不得有人。两台或多台打夯机在同一作业面作业时,其左右间距不得小于 5m,前后间距不得小于 10m。

(14)在边坡作业时应注意保持打夯机平稳,防止打夯机翻倒。

(15)搬运打夯机时,应切断电源,并将电线盘好,夯头绑住。往坑槽下运送时,应用绳索送,严禁推、扔打夯机。

(16)经常保持机身整洁。托盘内落入石块、杂物、积土较多或底部粘土过多,出现啃土现象时,必须停机清除,严禁在运转中清除。

(17)如打夯机在作业过程中发生故障,应首先切断电源,然后排除故障。

(18)打夯机连续作业时间不应过长,当电动机超过额定温升时,应停机降温。

(19)作业后,应切断电源,清除打夯机上的泥土,盘好电缆,锁好电源闸箱。将打夯机遮盖防雨布,并将其底部垫高放在平整、安全的地方。

7. 自卸汽车作业的安全要求

(1)自卸汽车应保持顶升液压系统完好,工作平稳,操纵灵活,不得有卡阻现象。各节液压缸表面应保持清洁。

(2)非顶升作业时,应将顶升操纵杆放在空挡位置。顶升前,应拔出车厢固定销。作业后,应插入车厢固定销。

(3)配合挖装机械装料时,自卸汽车就位后应拉紧手制动器,在铲斗需越过驾驶室时,驾驶室内严禁有人。

(4)卸料前,车厢上方应无电线或障碍物,四周应无人员来往。卸料时,应将车停稳,不得边卸边行驶。举升车厢时,应控制内燃机中速运转,当车厢升到顶点时,应降低内燃机转速,减少车厢振动。

(5)向坑洼地区卸料时,应和坑边保持安全检查距离,防止塌方翻车。严禁在斜坡侧向倾卸。

(6)卸料后,应及时使车厢复位,方可起步,不得在倾斜情况下行驶。严禁在车厢内载人。

(7)车厢举升后需进行检修、润滑等作业时,应将车厢支撑牢靠后,方可进入车厢下面工作。

8. 机动翻斗车作业的安全要求

(1)行驶前,应检查制动装置灵敏有效,并检查锁紧装置将料斗锁牢,不得在行驶时掉斗。

(2)行驶时应从一挡起步。不得用离合器处于半结合状态来控制车速。

(3)上坡时,当路面不良或坡度较大时,应提前换低挡行驶;下坡时严禁空挡滑行;转弯时应先减速;急转弯时应先换入低挡。

(4)翻斗车制动时,应逐渐踩下制动踏板,并应避免换挡。

(5)通过泥泞地段或雨后湿地时，应低速缓行，应避免换挡。制动、急剧加速，且不得靠近路边或沟旁行驶，并应防侧滑。

(6)翻斗车排成纵队行驶时，前后车之间应保持 8m 的间距，在下雨或冰雪的路面上，应加大间距。

(7)在坑沟边缘卸料时，必须在距坑(槽)边缘 0.8～1.0m 处设置安全挡掩(20cm×20cm 的木方)，车辆接近坑边 10m 处应减速行驶，不得剧烈冲撞挡块，严禁骑沟倒料。

(8)翻斗车上坡道(马道)时，坡道应平整、宽度不得小于 2.3m，两侧设置防护栏杆，必须经检查验收合格方可使用。

(9)停车时，应选择适合地点，不得在坡道上停车。冬季应采取防止车轮与地面冻结的措施。

(10)严禁行车载人或违章行车，料斗不得在卸料情况下行驶或进行平地作业。

(11)内燃机运转或料斗内载荷时，严禁在车底下进行任何作业。

(12)操作人员离机时，应将内燃机熄火，并挂挡、拉紧手制动器。

(13)作业后，必须熄火并拉好手制动，再对车辆进行清洗。

9. 压路机作业的安全要求

(1)启动后，应进行试运转，确认运转正常，制动及转向功能灵敏可靠，方可作业。开动前，压路机周围应确定无障碍物或人员。

(2)不得用牵引法强制启动内燃机，也不得用压路机拖拉其他任何机械和其他物料等。

(3)压路机在碾压过程中需人工清理轮上黏土时，人员应在压路机的后面清理，严禁沿压路机前进方向倒退清理。

(4)两台以上压路机同时作业时，前后间距不得小于 3m，在坡道上不得纵队行驶。

(5)作业后，应将压路机停放在平坦坚实的地方，并进行制动。不得停放在土路边缘及斜坡上，也不得停放在妨碍交通的地方。

三、素土、灰土换填地基施工

1. 素土、灰土换填地基安全施工的一般规定

(1)在挖土前应先熟悉作业内容、作业环境，对所使用的铁锹、铁镐、车子等工具要认真进行检查，不牢固不得使用。

(2)工作时操作人员必须正确佩戴个人防护用品，不得赤脚、露体，作业时应站在上风操作。遇四级以上强风，停止筛灰。

(3)在夜间或者自然光线不足的场所进行工作，应设置足够的照明设备，高度不能低于 3m。

(4)装运所挖出的土或砂时，装车要轻、稳，防止扬尘，运送时必须用篷布或塑料布覆盖，防止污染环境。

(5)施工用电按 TN－S 布置，三级配电二级保护“一机一闸一箱一漏”配置。

(6)机械工、电工持证上岗，非电工不得从事电气作业。

(7)施工前应对施工人员进行安全技术教育，并认真布置现场的安全防护设施，配备施工人员所必需的安全保护用品。

2. 素土、灰土换填地基安全施工的准备工作

(1)开挖软弱土层前，应该进行必要的周边环境勘察。将施工区域内的地上、地下障碍物清除和处理完毕。

(2)开挖的周边应设排水沟，排水沟断面尺寸一般为0.5m×0.5m，坡度以施工现场地势情况为主，一般坡度为3‰，且应采取措施避免漏水、渗水进入坑内。

(3)场内地下管线，电缆已进行迁移或处理。

3. 素土、灰土换填地基的施工机械

推土机、压路机、蛙式打夯机。

四、砂和砂石垫层

1. 砂和砂石垫层安全施工的一般规定

(1)在挖土前应先熟悉作业内容、作业环境，对所使用的铁锹、铁镐、车子等工具要认真进行检查，不牢固不得使用。

(2)施工前应对施工人员进行安全技术教育，并认真布置现场的安全防护设施，配备施工人员所必需的安全防护用品。

(3)工作时操作人员必须正确佩戴个人防护用品，不得赤脚、露体，作业时应站在上风操作。

(4)装运砂和砂砾石时，动作要轻、稳，防止扬尘，运送时必须用篷布覆盖，防止污染环境。

(5)在夜间或者自然光线不足的场所进行工作，应设置足够的照明设备，高度不能低于3m。

(6)机械工、电工持证上岗，非电工不得从事电气作业。

2. 砂和砂石垫层安全施工的准备工作

(1)开挖软弱土层前，应该进行必要的周边环境勘察。将施工区域内的地上、地下障碍物清除和处理完毕。

(2)开挖的周边应设排水沟，排水沟断面尺寸一般为0.5m×0.5m，坡度以施工现场地势情况为主，一般坡度为3‰，且应采取措施避免漏水、渗水进入坑内。

(3)场内地下管线，电缆已进行迁移或处理。

(4)施工用各种机械设备均进行了施工前的检查，状态良好，可以进行施工。

3. 砂和砂石垫层施工使用机械的安全要求

(1)装运砂石车辆，严禁超速行驶，应根据车速与前车保持适当的安全距离。

(2)停放时，应将内燃机熄火，拉紧手制动器，关锁车门。

(3)在坡道上停放时，下坡停放应挂上倒挡，上坡停放应挂上一挡，并应使用三角木楔等塞紧轮胎。

4. 砂和砂石垫层施工用的机械

压路机、翻斗汽车。

五、重锤夯实、强夯施工

1. 重锤夯实、强夯安全施工的一般规定

(1)在挖土前应先熟悉作业内容、作业环境,对所使用的铁锹、铁镐、车子等工具要认真进行检查,不牢固不得使用。

(2)工作时必须正确佩戴个人防护用品,不得赤脚、露体,作业时应站在上风操作。高处作业挂安全带,高空检查修桩机不得向下乱丢物件。遇四级以上强风,停止作业。

(3)在夜间或者自然光线不足的场所进行工作,应设置足够的照明设备,高度不能低于3m。

(4)操作人员进行安全技术教育,并认真布置现场的安全防护设施,配备施工人员所必需的安全防护用品。

(5)机械工、电工、电焊工要持证上岗。

(6)供电线路按TN－S布置,三级配电二级保护,实施"一机一闸一箱一漏"配置。雷雨天停止施工,要切断电源。夜间施工。必须有足够的照明设施。

(7)机械维修必须停电作业,配电箱应加锁,否则派专人监控。机械传动部分设防护罩以免伤人。

2. 重锤夯实、强夯安全施工的准备工作

(1)施工前应查明场地范围内的地下构筑物和地下管线的位置及标高等,并采取必要措施,以免因施工而造成损坏。

(2)当强夯施工所产生的振动对邻近建筑物或设备产生有害影响,应设置监测点。并采取挖隔振沟等隔振或防振措施。

(3)强夯作业前应对起重设备,索具卡环等进行全面检查,并进行试吊,试夯,检查钢丝绳各部位受力情况,一切正常方可进行强夯。

(4)对桅杆等强夯机械应经常检查是否合格,地面有无沉陷,桅杆底部应垫80～100mm厚木板。

(5)起吊夯锤,吊索要保持垂直;起吊夯锤或挂钩不得碰冲吊臂,应在适当位置挂废轮胎加以保护。

(6)夯锤起吊后,臂杆和重锤下15m内严禁站人,且不得在起重臂旋转半径范围内通过。非工作人员远离夯点30m以外,现场操作人员应正确佩戴安全帽。

(7)起吊夯锤速度不宜太快,不能在高空停留过久,严禁猛升猛降,以防夯锤脱落;停止作业时,不得将夯锤挂在半空。

(8)夯击过程中应随时检查坑壁有无坍塌可能,必要时采取防护措施。

3. 重锤夯实、强夯施工使用施工机械的安全要求

(1)现场施工负责人应为起重机作业提供足够的工作场地,清除或避开起重臂起落及回转半径内的障碍物。

(2)各类起重机应装有音响清晰的喇叭、电铃或汽笛等信号装置。在起重臂、吊钩、平衡重等转动体上应标以鲜明的色彩标志。

(3)起重吊装的指挥人员必须持证上岗,作业时应与操作人员密切配合,执行规定的指挥信号。操作人员应按照指挥人员的信号进行作业,当信号不清或错误时,操作人员可拒绝执行。

(4)起重机作业时,起重臂和重物下方严禁有人停留、工作或通过。重物吊运时,严禁从人上方通过。严禁用起重机载运人员。

(5)严禁使用起重机进行斜拉、斜吊和起吊地下埋设或凝固在地面上的重物以及其他不明重量的物体。现场浇注的混凝土构件或模板,必须全部松动后方可起吊。

(6)严禁起吊重物长时间悬挂在空中。作业中遇突发故障,应采取措施将重物降落到安全地方,并关闭发动机或切断电源后进行检修。在突然停电时,应立即把所有控制器拨到零位,断开电源总开关,并采取措施使重物降到地面。

4. 强夯施工的施工机械

强夯机械、起重机、推土机。

5. 强夯机械的安全要求

(1)担任强夯作业的主机,应按照强夯等级的要求经过计算选用。用履带式起重机做主机的,应执行理论相应机械的安全操作规程。

(2)夯机的作业场地应平整,门架底座与夯机着地部位应保持水平,当下沉超过100mm时,应重新垫高。

(3)强夯机械的门架、横梁、脱钩器等主要结构和部件的材料及制作质量,应经过严格检查,对不符合设计要求的,不得使用。

(4)夯机在工作状态时,起重臂仰角应置于70°。

(5)梯形门架支腿不得前后错位,门架支腿在未支稳垫实前不得提锤。

(6)变换夯位后,应重新检查门架支腿,确认稳固可靠,然后再将锤提升100~300mm,检查整机的稳定性,确认可靠后方可作业。

(7)夯锤下落后,在吊钩尚未降至夯锤吊环附近前,操作人员不得提前下坑挂钩。从坑中提锤时,严禁挂钩人员站在锤上随锤提升。

(8)当夯锤留有相应的通气孔在作业中出现堵塞现象时,应随时清理。但严禁在锤下进行清理。

(9)当夯坑内有积水或因黏土产生的锤底吸附力增大时,应采取措施排除,不得强行提锤。

(10)转移夯点时,夯锤应由辅机协助转移,门架随夯机移动前,支腿离地面高度不得超过500mm。

(11)作业后,应将夯锤下降,放实在地面上。在非作业时严禁将锤悬挂在空中。

6. 起重机作业的安全要求

(1)起重机在操作前应对传动部分试运转一次,重点检查安全装置、操纵装置、制动装置和保险装置、钢丝绳及连接部位应符合规定。燃油、润滑油、冷却水等充足,各连接件无松动。

(2)拉升钢丝绳不得接长使用,钢丝绳端部固定时,并用三个卡环扣牢。钢丝绳应符合现行国家标准《圆股钢丝绳》的规定,并有合格证。

(3)起重机械在最大工作幅度和高度以外 3m 范围内,不得有障碍物,特殊情况必须采取有效安全措施。

(4)起重机作业时必须确定吊装区域,并设警戒标志,必要时派专人看护。

(5)起重机司机、指挥信号员、挂钩工必须具备本岗位的操作能力和应急能力。

(6)作业时变幅应缓慢平稳。严禁在起重臂未停稳前变换挡位,满载荷或接近满载荷时严禁下落臂杆。

(7)重物起吊离地 10～50cm 时,应检查机身稳定性,制动灵活可靠,绑扎牢固,确认后方可继续作业。起吊重物下方严禁有人停留或行走。

(8)作业时臂杆的最大仰角不得超过说明书的规定。无资料可查时,不得超过 78°。

(9)起重机在满负荷或接近满负荷时,严禁同时进行两种操作动作和降落臂杆。

(10)起吊重物左右回转时,应平稳进行,不得使用紧急制动或在没有停稳前作反向旋转。起重机行驶时,回转、臂杆、吊钩的制动器必须刹住。

(11)起重机需带载荷行走时,载荷不得超过额定起重量的 70%。行走时,吊物应在起重机行走正前方向,离地高度不得超过 50cm,行驶速度应缓慢。严禁带载荷长距离行驶。

(12)转弯时,如转弯半径过小,应分次转弯(一次不超过 15°)。下坡时严禁空挡滑行。

(13)起重机近距离自行转移时,必须卸去配重,拆短臂杆,主动轮在后面,回转、臂杆、吊钩等必须处于制动位置。

(14)作业后臂杆应转至顺风方向,并降至 40°～60°之间,吊钩应提升到接近顶端的位置。各部制动器应保险固定,操作室和机棚应关门上锁。

第二节 桩基工程

一、振冲碎石桩施工

1. 振冲碎石桩安全施工的一般要求

(1)施工前应做好安全技术教育和施工中的安全技术交底工作,并认真布置现场的安全防护设施,配备施工人员所必需的安全防护用品。

(2)控制设备:包括控制电流操作台、150A电流表、500V电压表以及供水管道。

(3)工作时必须正确佩戴个人防护用品,不得赤脚、露体,作业时应站在上风操作。遇大风天气,停止作业。

(4)在夜间或者自然光线不足的场所进行工作,应设置足够的照明设备。

(5)在施工全过程中,严格执行打桩机械的安全操作规程,防止机械及人身安全事故的发生。

(6)振动或锤击沉桩机、冲击机操作时,应安放平稳,防止作业时,突然倾倒或锤头突然下落,造成人员伤亡或设备损坏。

(7)成孔时,距振动锤、落锤、冲击锤6m范围内,不得有人走动或进行其他作业。

(8)已成的孔尚未填夯碎石前,应加盖板,以免人员或物件掉入孔内。

2. 振冲碎石桩安全施工的准备工作

(1)建筑场地地面上所有障碍物和地下管线、电缆、基础等均全部拆除或搬迁。桩机振动对邻近建筑物及厂房内仪器设备有影响的已采取有效保护措施。

(2)施工场地已进行平整,对桩机进行的松软场地已进行预压处理,周围已做好有效的排水措施。

3. 振冲碎石桩施工的施工机械

打桩机、振冲器(振动冲击夯)、起重机、潜水泵。

4. 打桩机作业的安全要求

(1)打桩机类型、桩长、桩径、地质条件、施工工艺等综合考虑。打桩作业前,应由施工技术人员向机组人员进行安全技术交底。

(2)打桩机所配置的电动机、内燃机、卷扬机、液压装置等的使用执行相应机械的安全操作规程。

(3)安装时,应将桩锤运到立柱正前方2m以内,并不得斜吊。吊装时,应在桩上拴好拉绳,不得与桩锤或机架碰撞。

(4)打桩机作业区内无高压线路。作业区应有明显标志或围栏,非工作人员不得进入。桩锤在施打过程中,操作人员必须在距离桩锤中心5m以外监视。

(5)施工现场应按地基承载力不小于83KPa的要求进行整平压实。在基坑和围堰内打桩,应配置足够的排水设备。

(6)机组人员登高检查或维修时,必须系安全带;工具和其他物件应放在工具包内,高空人员不得向下随意抛物。

(7)插桩后,应及时校正桩的垂直度。桩入土3m以上时,严禁用打桩机行走或回转动作纠正桩的倾斜度。

(8)水上打桩时,应选择排水量比桩机重量大四倍以上的作业船或牢固排架,打桩机与船体或排架应可靠固定,并采取有效的锚固措施。当打桩船与排架的偏斜度超过3°时,应停止作业。

(9)拔送桩时,不得超过桩机起重能力,起拔载荷应符合以下规定:

①打桩机为电动卷扬机时，起拔荷载不得超过电动机满载电流。

②打桩机卷扬机以内燃机为动力，拔桩时发现内燃机明显降速，应立即停止起拔。

③每米送桩深度的起拔荷载可按 40kN 计算。

(10)卷扬钢丝绳应经常润滑，不得干摩擦。钢丝绳的使用及报废标准执行相应机械的安全操作规程。

(11)严禁吊桩、吊锤、回转或行走等动作同时进行。打桩机在吊有桩和锤的情况下，操作人员不得离开岗位。

(12)作业中，当停机时间较长时，应将桩锤落下垫好。检查时不得悬吊桩锤。

(13)遇有雷雨、大雾和六级及以上大风等恶劣气候时，应停止一切作业。当风力超过七级或有风暴警报时，应将打桩机顺风向停置，并应增加缆风绳，或将桩立柱放倒在地面上。立柱长度在 27m 及以上时，应提前放倒。

(14)作业后，应将打桩机停放在坚实平整的地面上，将桩锤落下垫实，并切断动力电源。

5. 振冲器(振动冲击夯)作业的安全要求

(1)作业前重点检查项目应符合下列要求：

①各部件连接良好，无松动。

②内燃冲击夯有足够的润滑油，油门控制器转动灵活。

③电动冲击夯有可靠的接零或接地，电缆线表面绝缘完好。

(2)内燃冲击夯起动后，内燃机应怠速运转 3～5min，待夯机跳动稳定后，方可作业。

(3)夯机在接通电源启动后，应检查电动机旋转方向，有错误时应倒换相线。

(4)振冲器使用前必须由电工对各部进行检查，确认无漏电后方可作业。夯机应装有漏电保护装置，操作人员必须戴绝缘手套，穿绝缘鞋。作业时，电缆线不应拉得过紧，应经常检查线头安装，不得松动及引起漏电。严禁冒雨作业。

(5)振冲器场地四周设置警戒区；装设防护栏杆及警告标志，严禁无关人员在此停留。操作人员在作业时必须离开起重吊装振冲器至少 2m 以外。

6. 潜水泵作业的安全要求

(1)作业前应进行检查，泵座应稳固。

(2)运转中出现故障时应立即切断电源，排除故障后方可再次合闸开机。检修必须由专职电工进行。

(3)夜间作业时，工作区应有充足照明。

(4)潜水泵接通电源后，应先进行试转，并检查确认旋转方向是否正确。在水外试转时，时间不得超过 5min。

(5)水泵运转中严禁从泵上跨越。升降吸水管时，操作人员必须站在有护栏的平台上。

(6)提升或下降潜水泵时必须切断电源,使用绝缘材料,严禁提拉电缆。

(7)潜水泵在坚固的篮筐内放入水中,也可在水中将泵的四周设立坚固的防护围网,泵应直立水中,水深不得小于 0.5m,不得在泥沙浑水中使用。

(8)潜水泵必须做好保护接零并装设漏电保护装置。潜水泵工作水域 30m 内不得有人畜进入。

(9)作业后,应将电源关闭,将水泵安放妥善。

7. 空气压缩机作业的安全要求

(1)空气压缩机作业区应保持清洁和干燥。贮气罐应放在通风良好处,距贮气罐 15m 以内不得进行焊接或热加工作业。

(2)空气压缩机的进排气管较长时,应加以固定,管路不得有急弯;对较长管路应设伸缩变形装置。

(3)作业前重点检查应符合下列要求:

①燃、润油料均添加充足。

②各连接部位紧固,各运动机构及各部阀门开闭灵活。

③各防护装置齐全良好,贮气罐内无存水。

④电动空气压缩机的电动机及起动器外壳接地良好,接地电阻不大于 4Ω。

⑤检查压力表和安全阀是否经过检定,是否在检定有效期内。

(4)输气胶管应保持畅通,不得扭曲,开起送气阀前,应将输气管道连接好,并通知现场有关人员后方可送气。在出气口前方,不得有人员站立。

(5)发现下列情况之一时应立即停机检查,找出原因并排除故障后,方可继续作业:

①漏水、漏气、漏电或冷却水突然中断;压力表、温度表、电流表指示值超过规定。

②排气压力突然升高,排气阀、安全阀失效。

③机械有异响或电动机电刷发生强烈火花。

(6)运转中,在缺水而使气缸过热停机时,应待气缸自然降温至 60℃以下时,方可加水。

(7)当电动空气压缩机运转中突然停电时,应立即切断电源,等来电后重新在无载状态下起动。

(8)停机时,应先卸去载荷,然后分离主离合器,再停止内燃机或电动机的运转。

(9)停机后,应关闭冷却水阀门,打开放气阀,放出各冷却器和贮气罐内的油水和存气,方可离岗。

二、灰土挤密桩施工

1. 灰土挤密桩安全施工的一般规定

(1)机械工、电工应持证上岗。严禁无证上岗。

(2)临时供电线路应按 TN－S 布置,采用“一机一闸一箱一漏”三级配电二级保护。

(3)施工前应对施工人员进行安全技术教育,并认真布置现场的安全防护设施,配备施工人员所必需的安全防护用品。进行作业前,应由施工技术人员向机组人员进行安全技术交底。

(4)工作时必须正确佩戴个人防护用品,不得赤脚、露体,作业时应站在上风操作。高处作业挂安全带,高空检查修桩机不得向下乱丢物件。遇四级以上强风停止作业。

(5)在夜间或者自然光线不足的场所进行工作,应设置足够的照明设施,高度不低于 3 米。

(6)基坑成孔时施工时坑内应无零散的砖头或有机杂物,保持基坑内清洁。

(7)振动或锤击沉桩机、冲击操作时,应安放平稳,防止成孔时,突然倾倒或锤头突然下落,造成人员伤亡或设备损坏。

(8)基坑施工前应进行划分作业段,使施工机械有序的在基坑内施工,其电缆线应支设在基坑壁上,并在工作期间每天均要整理电缆线,避免因电缆线散乱,由施工不当产生的触电伤害。

(9)施工工具应按施工中划分作业段摆放到位,施工用具应放置在规定地点,不得随意将用具从坑上投下,不得盲目抛放在基坑内。

(10)成孔时,距振动锤、落锤、冲击锤 6m 范围内,不得有人员走动或进行其他作业。

(11)拌和灰土,粉化石灰和石灰过筛,必须戴口罩、风镜、手套、套袖等防护用品,并站在上风处操作。

(12)机械传动部分设防护罩以免伤人。

(13)机械维修必须停电作业,配电箱应加锁,否则派专人监控。

(14)雷雨天停止施工,要切断电源。夜间施工。必须有足够的照明设施。

(15)已成的孔尚未填夯灰土,应加盖板,以免人员或物件掉入孔内。

(16)基坑四周应设护栏围挡,具体要求详见《土方开挖安全操作规程》并设上下基坑的防滑马道。

(17)人工洛阳铲施工时,每个人都应有最小工作面,做到无妨碍无碰撞施工。

(18)水泥在向坑内投放过程中,应用小车或滑道垂直运输工具运输,禁止直接投入坑底。

2. 灰土挤密桩安全施工的准备工作

(1)施工场地内地下、地上所有障碍物、管道、线缆等已经全部拆除或搬迁。沉管振动对邻近建筑物及厂房仪器、设备有影响时,已采取有效的保护措施。

(2)施工场地已进行平整,对机械运行的松软场地已进行预压处理,周围已做好有效的排水措施。

(3)向基坑(槽)、管沟内填灰土前,应先检查夯机电线、绝缘是否良好,接地线、开关应符合要求。

3. 灰土挤密桩施工的施工机械

螺旋钻机、夹杆式夯机、机动洛阳铲

4. 螺旋钻机作业的安全要求

(1)安装钻孔机前,应掌握勘探资料,并确认地质条件符合该钻机的要求,地下无埋设物,作业范围内无障碍物,施工现场与架空输电线路的安全距离符合规定。

(2)安装钻孔机时,钻机钻架基础应夯实、整平,必要时应铺设枕木或钢板,使钻机保持整机处于水平位置。轮胎式钻机应用长度不小于 4m 的垫木垫至轮胎离开地面。电动机和控制箱应有良好的接地装置。

(3)钻机的安装和钻头的组装应按照说明书规定进行,应有熟练的专业人员进行。

(4)作业场地距电源变压器或供电主干线距离应在 200m 以内,启动时电压降不得超过额定电压的 10%。

(5)钻架的吊重中心、钻机的卡孔和护进管中心应在同一垂直线上,钻杆中心允许偏差为 20mm。安装前,应检查并确认钻杆及各部件无变形;安装后钻杆与动力头的中心线允许偏斜为全长的 1%。

(6)动力头安装前,应先拆下滑轮组,将钢丝绳穿绕好。钢丝绳的选用,应按说明书规定的要求配备。

(7)安装钻杆时,应从动力头开始,逐节往下安装。不得将所需钻杆长度在地面上全部接好后一次起吊安装。

(8)安装后,电源的频率与控制箱内频率转换开关上的指针应相同,不同时,应采用频率转换开关予以转换。

(9)钻头和钻杆连接螺纹应良好,滑扣时不得使用。钻头焊接应牢固,不得有裂纹。

(10)钻机应放置平稳、坚实,汽车式钻孔机应架好支腿,将轮胎支起,并应用自动微调或线锤调整挺杆,使之保持垂直。

(11)起动前,应将操纵杆放在空挡位置。起动后,应做空运转试验,检查仪表,温度、音响、制动等各项工作正常,方可作业。

(12)作业前重点检查项目应符合下列要求:

①各部件安装紧固,转动部位和传动带有防护罩,钢丝绳完好,离合器、制动带功能良好。

②润滑油符合规定,各管路接头密封良好,无漏油、漏气、漏水现象。

③电气设备齐全、电路配置完好。

④钻机作业范围内无障碍物。

⑤ 卷扬提升机构运转正常,制动可靠,钢丝绳符合规定。

⑥钻架钢结构无裂纹损坏、严重锈蚀、开焊、变形。

(13)施工时,当钻机发出报警信号或其他不正常响声时,应停钻,并将钻杆稍稍提升，待解除报警或排除故障后，方可继续作业。

(14)钻孔中卡钻时，应立即切断电源，停止下钻。未查明原因前，不得强行起动。

(15)施钻时，应先将钻杆缓慢放下，使钻头对准孔位，当电流表指针偏向无负荷状态时即可下钻。在钻孔过程中，当电流表超过额定电流时，应放慢下钻速度。

(16)作业中，当需改变钻杆回转方向时，应待钻杆完全停转后再进行。

(17)钻孔时，当机架出现摇晃、移动、偏斜或钻头内发出有节奏的响声时，应立即停钻，经处理后，方可继续施钻。

(18)扩孔达到要求孔径时，应停止扩削，并拢扩孔刀管，稍松数圈，使管内存土全部输送到地面，即可停钻。

(19)作业中停电时，应将各控制器放置零位，切断电源，并及时将钻杆全部从孔内拔出，使钻头接触地面。

(20)钻机运转时，应防止电缆线被缠入钻杆中，必须有专人看护。

(21)作业后，应将钻杆及钻头全部提升至孔外，先清除钻杆和螺旋片上的泥土，再将钻头按下接触地面，各部制动住，操纵杆放到空挡位置，切断电源。

(22)当钻头磨损量达 20mm 时，应予以更换。

(23)钻孔机移动的道路应平整坚实。必须将钻头提离地面 200mm，并应固定。

(24)旋转钻孔机下钻提升时要慢，应密切注视电流表，严禁过载。

(25)严禁用手触摸或清理钻杆、转动及传动装置的泥土。发现紧固部件松动时，应立即停机，紧固后方可继续作业。

(26)成孔后，应将孔口加盖保护。

5. 夹杆式夯机作业的安全要求

(1)夯机在作业前检查夯锤与夯杆焊接有无开焊，裂纹现象。皮带、链轮传动部位必须安装防护罩，传动皮带松紧度合宜，对机械进行试运转，确认正常后方可作业。

(2)液压箱、电气箱应置于安全平坦的地方。所有电力驱动桩工机械应按照有关规定进行接零保护，并在其负荷线首端安装漏电保护器。电机绝缘电阻不得小于 0.5MΩ，达不到要求时，可进行烘干处理。

(3)作业前，应检查桩锤减震器与连接螺栓的紧固性，不得在螺栓松动或缺件的状态下启动。

(4)应检查各传动带的松紧度，过松或过紧时应进行调整。传动带防护罩不应破损。

(5)夹持器与振动器连接处的紧固螺栓不得松动。液压缸根部的接头防护罩应齐全。

(6)应检查夹持片的齿形。当齿形磨损超过 4mm 时，应更换或用堆焊修复。使用前，应在夹持片中间放一块 10～15mm 厚的钢板进行试夹。试夹中液压缸应无渗漏，系统压力应正常，不得在夹持片之间无钢板时试夹。

(7)夹桩时，不得在夹持器和桩的头部之间留有空隙，并应待压力表显示达到额定值后，方可指挥起重机起拔。

(8)在钢丝绳吊紧后，不得松开夹持器。

(9)作业中，当遇液压软管破损、液压操纵箱失灵时或停电(包括熔丝烧断)时，应立即停机，将换向开关放在"中间"位置，并应采取安全措施。

(10)作业中机械移动时，应将电缆线移至机械后方，不得隔机抛扔电缆线，移机时一人持手推行，另两人在两侧协助推行使机身保持平衡，以防倾倒。

(11)机械连续作业时间不应过长，当电动机超过额定温度时，应停机降温。

(12)夯实水泥土桩施工中，填料人员不得用脚平整孔口土料。

(13)作业后，应切断电源，卷好电缆线，清除机械上泥土，电动机部分做好防雨措施。

(14)现场要做到"文明施工"水泥袋集中堆放。

6. 机动洛阳铲作业的安全要求

(1)机动洛阳铲卷扬机安装应符合《建筑卷扬机安全操作规程》，电流开关应为触电开关符合《卷扬机操作规程》严禁使用刀闸。

(2)卷扬机传动部位安置防护罩，与机体及外部有效的隔离。

(3)卷扬机传动滚筒后部应设挡板防护，避免操作时钢丝绳甩出伤人。

(4)钢丝绳应定期检查，严禁使用不符合标准的钢丝绳，钢丝绳与铲头的连接应符合钢丝绳连接标准。

(5)机动洛阳铲支架必须稳固，对好点位开始工作时，首先应进行试车运转，检查支架的牢固性，刹车制动灵敏度。

(6)操作机动洛阳铲人员必须持证上岗，精神集中工作避免误操作，减少不必要的伤害。

(7)移动洛阳铲时，卷扬机断电，放松卷扬机制动，先机身，再支架，后铲头，顺次移动，铲头应在无卷扬机外力下离地运行，严禁铲头用卷扬机拖拽。

(8)操作洛阳铲工人宜佩戴绝缘手套，维修应由专业人员负责。

三、夯实水泥土桩复合地基施工

1. 夯实水泥土桩复合地基安全施工的一般规定

(1)夯机维修保养必须断开电源。闸箱带锁，锁上闸箱，无锁则派人监控。

(2)机械传动部分应设防护罩，以防伤人。

(3)水泥土机械搅拌时，搅拌机棚要封闭，棚顶用瓦楞铁封顶，不得用石棉瓦，操作人员要戴口罩。

(4)往坑内运送水泥要用手推车，禁止从坑口往下掷水泥。

(5)用洛阳铲成孔时，禁止从坑口往下掷洛阳铲，防止洛阳铲铲伤电缆线。

(6)成孔后，孔口应加盖板防护。

(7)粉土机在运行中出现故障，必须进入粉土机内维修时，应断电闸箱上锁并设专人监护，粉土机的传动部位设防护罩。

2. 夯实水泥土桩复合地基施工的施工机械

螺旋钻机、夹杆式夯机、粉土机。

3. 粉土机作业的安全要求

(1)作业前,粉土机必须垫平垫稳,保持机身平稳。

(2)作业前,检查飞轮转动方向,皮带松紧度,防护罩安装牢固,接地(接零)保护良好,电缆线外皮无破损后,方可启动。

(3)作业中,不得向料斗内送入大于规定尺寸的砖、石料,防止物料飞出伤人。

(4)作业中,粉料必须均匀,自由落入,不得用手、撬棍等强行送料,严禁将手、铁锹伸进粉料机内。操作人员送料应站在粉土机两侧,不能正对送料口。

(5)作业中,发生故障时,应立即切断电源,锁上电闸箱,然后将粉土机筒内的土料清理干净,进行检修。

(6)移动粉土机必须切断电源,电闸箱加锁或派人监护。

(7)每台粉土机,应做一机一闸,并安装漏电开关。

(8)作业停止前,必须将已送入料斗的土料全部粉完。作业后,切断电源,将机器清理干净。

(9)粉土机电缆线严禁缠绕、扭结以防损坏,电缆线也不能压于粉土机下或埋于土堆,以防机械磨损电缆线外皮和铁锹铲(破铲)断电缆线。

(10)粉土机要经常检查,发现问题及时修理。

四、土钉支护施工

1. 土钉支护安全施工的一般规定

(1)各种设备应处于完好状态,机械设备的运转部位应有安全防护装置。

(2)注浆管路应畅通,防止塞管、堵泵,造成爆管。

(3)电气设备应设接地、接零。电缆、电线应架空。

(4)拟开挖基坑四周地表应进行修整,在开挖过程中,基坑四周应设置护栏。

(5)施工机械设备进场后必须经安全检查,经检查合格后方可使用。

(6)施工机械操作人员必须建立机组安全生产责任制并依照相关规定持证上岗,禁止无证人员操作。

(7)土钉支护施工应按施工组织设计制定的方案和顺序进行,要与土方开挖密切配合,开挖一步,支护一步,开挖与支护不能同时在同一作业面上施工,避免发生安全事故。

(8)施工用脚手架搭设由专业架工负责,搭设完毕后,按相关现行标准要求进行验收。

(9)操作人员在脚手架上作业时,脚手架应满铺脚手板,严禁铺有探头板。

(10)成孔弃土应在指定时间内集中清理,并立避开成孔作业。

(11)向孔内注浆时,注浆罐内应保持一定数量的砂浆,以防止罐体放空,砂浆喷出伤人。

(12)喷射混凝土施工所用工作台架应牢固可靠,并设置安全栏杆。

(13)如施工过程中需混凝土速凝剂等有毒物质时,则应执行有毒物品控制措施,严禁操作人员的皮肤与之直接接触。

2. 土钉支护施工的安全准备

(1)土钉支护用于基坑开挖时应采取从上到下,分层开挖,分层支护的施工工序。

(2)根据施工组织设计选定的开挖深度开挖,设置土钉,并喷射混凝土面层。上层支护施工未完成,严禁开挖下层。

(3)查明土钉杆设计位置的地下障碍物情况,以及钻孔、排水对邻近建(构)筑物的影响。

(4)施工区域设置临时设施,修建施工便道及排水沟,安装临时水电线路,搭设钻机平台。

(5)成孔机具应根据施工环境和工程地质条件选用。

3. 土钉支护施工的施工机械

螺旋钻机、注浆泵、混凝土喷射机。

4. 注浆泵作业的安全要求

(1)使用前,应先接好输送管道,往料斗加注清水,起动浆泵,当输送胶管出水时,应折起胶管,待升到额定压力时停泵,观察各部位应无渗漏现象。

(2)作业前,应先用水、再用浆润滑输送管道后,方可泵送。

(3)料斗加满浆后,应停止振动,待浆从料斗泵送完时,再加新灰浆振动筛料。

(4)泵送过程应注意观察压力表。当压力迅速上升,有堵管现象时,应反转泵送2～3转,使浆返回料斗,经搅拌后再泵送。

(5)工作间歇时,应先停止送浆,后停止送气,并应防止气嘴被浆堵塞。

(6)作业后,应对泵机和管路系统全部清洗干净。

5. 混凝土喷射机作业的安全要求

(1)喷射机应采用干喷作业,应按出厂说明书规定的配合比配料,电源应是符合要求的稳压源,电源、水源、加料设备等均应配套。

(2)管道安装应正确,连接处应紧固密封。当管道通过道路时,应设置在地槽内并加盖保护。

(3)喷射机内部应保持干燥和清洁,加入的干料配合比及潮润程度,应符合喷射机性能要求,不得使用结块的水泥和未经筛选的砂石。

(4)作业前重点检查项目应符合下列要求:

①安全阀灵敏可靠。

②电源线无破裂现象,接线牢固。

③各部密封件密封良好,对橡胶结合板和旋转板出现的明显沟槽及时修复。

④压力表指针在上、下限之间，根据输送距离，调整上限压力的极限值。

⑤ 喷枪水环(包括双水环)的孔眼畅通。

(5)机械操作和喷射操作人员应有联系信号，送风、加料、停料、停风以及发生堵塞时，应及时联系，密切配合。

(6)接通电源后，应首先空车试运转，观察电动机的转向是否符合要求。

(7)使用前应先调好工作压力，混凝土喷射机二作压力相关参数见表 2-2。

表 2-2　混凝土喷射机工作压力相关参数表

管　长/m	工作压力/KPa
20	50～70
30	70～100
40	100～120
50	120～130
60	130～140

(8)在喷嘴前方严禁站人，操作人员应始终站在已喷射过的混凝土支护面以内。

(9)每次开机时，必须先通压缩空气，起动电动机后才能加料。而停机时应先停止加料，然后停止供气，关闭电动机。

(10)操作时，喷嘴离工作面的距离应在 0.8～1.2m 左右，以使混凝土黏结最好，回弹率最小为合适。若工作面较大，可采用机械手进行喷射作业。

(11)作业中发生堵管时，应先停止喂料，对堵塞部位进行敲击，迫使物料松散，然后用压缩空气吹通。此时，操作人员应紧握喷嘴，严禁甩动管道伤人。当管道中有压力时，不得拆卸管接头。

(12)转移作业面时，供风、供水系统应随之移动，输料软管不得随地拖拉和折弯。

(13)停机时，应先停止加料，然后再关闭电动机和停送压缩空气。

(14)如果连续工作时间较长，则每隔 4 小时，也应进行一次清洗。每 8 小时进行一次大清洗。

(15)作业后，应将仓内和输料软管内的干混合料全部喷出，并应将喷嘴拆下清洗干净，清除机身内外黏附的混凝土料及杂物。司时应清理输料管，并应使密封件处于放松状态。

五、土层锚杆施工

1. 土层锚杆安全施工的一般规定

(1)锚杆钻机应安设安全可靠的反力装置，在有地下承压水地层中钻进，孔口应安设可靠的防喷装置，以便突然发生漏水涌砂时能及时封住孔口。

(2)锚杆的连接应牢固，以防在张拉时发生脱扣现象。

(3)张拉设备应检验可靠，并有防范措施，防止夹具飞出伤人。

(4)注浆管路应畅通,防止塞管、堵泵,造成爆管。

(5)检查锚杆锚固力时必须注意事项:

①拉力计必须牢固、可靠。

②拉拔锚杆时,拉力计前方或下方严禁站人。

③锚杆杆端一旦出现径缩时,应及时卸荷。

(6)水胀锚杆的安装应注意事项:

①高压泵应设置防护罩,锚杆安装完毕,应将其搬到安全无淋水处,防止爆破作业时被砸坏。

②搬运高压泵时必须断电,严禁带电搬运。

③在高压泵进水阀未关闭,回水阀未打开前,不得撤离安装棒。

④安装锚杆时,操作人员平持安装棒应与锚孔轴线偏离一个角度。

(7)预应力锚杆安装应遵守下列规定:

①张拉预应力锚杆前,应对设备全面检查,并牢固安装,张拉口、孔口前方严禁站人。

②拱部和边墙进行预应力锚杆施工时,其下方严禁作业。

③对穿型预应力锚杆施工时应有联络装置,作业中密切联系。

④封孔水泥砂浆达到设计强度的70%时,不得在锚杆端部悬挂重物或碰撞外锚具。

(8)保护施工环境防止扬尘及作业人员安全,锚喷施工应采用湿喷式或水泥裹砂喷射工艺。

(9)其他有关规定见本章第二节"一、振冲碎石桩施工"中第1项。

2. 土层锚杆安全施工的准备工作

(1)施工前应认真对作业区的危石进行检查。查明锚杆设计位置的地下障碍物情况,以及钻孔、排水对邻近建(构)筑物的影响。

(2)在Ⅳ、Ⅴ级围岩中作业应遵守下列规定:

①锚杆喷支护必须紧跟开挖作业。

②施工作业应先喷后锚,喷射混凝土面层不应小于50mm,喷射作业中应设专人随时观察围岩变化情况。

③锚杆施工宜在喷射混凝土终凝后3小时进行。

(3)其他有关规定同本章第二节"一、振冲碎石桩施工"中第2项。

3. 土层锚杆施工的施工机械

螺旋钻孔机、灰浆泵、灰浆搅拌机。

4. 灰浆泵作业的安全要求

(1)使用前,应先接好输送管道,往料斗加注清水,起动灰浆泵,当输送胶管出水时,应折起胶管,待升到额定压力时停泵,观察各部位应无渗漏现象。

(2)作业前,应先用水、再用白灰膏润滑管道后,方可加入灰浆,开始泵送。

(3)料斗加满灰浆后,应停止振动,待灰浆从料斗泵送完时,再加新灰浆振动筛料。

(4)泵送过程应注意观察压力表。当压力迅速上升,有堵管现象时,应反转泵送2～3转,使灰浆返回料斗,经搅拌后再泵送。当多次正反泵仍不能畅通时,应停机检查,排除堵塞。

(5)工作间歇时,应先停止送灰,后停止送气,并应防气嘴被灰堵塞。

(6)作业后,应对泵机和管路系统全部清洗干净。

5. 灰浆搅拌机作业的安全要求

(1)固定式搅拌机应有牢靠的基础,移动式搅拌机应采用方木或撑架固定,并保持水平。在建筑物附近安装应搭设防砸、防雨棚。

(2)作业前应检查并确认传动机构、工作装置、防护装置等牢固可靠,三角胶带松紧度适当,搅拌叶片和筒壁间隙在3～5mm之间,搅拌轴两端密封良好。

(3)作业前检查电气设备、漏电保护器和可靠的接零或接地保护;传动部分、安全防护装置齐全有效,确认无异常后方可试运转。

(4)启动后,应先空运转,检查搅拌叶旋转方向正确,方可加料加水,进行搅拌作业。加入的砂子应过筛。

(5)运转中,严禁用手或木棒等伸进搅拌筒内,或在筒口清理灰浆。

(6)作业中,当发生故障不能继续搅拌时,应立即切断电源,将筒内灰浆倒出,排除故障后方可使用。

(7)固定式搅拌机的上料斗应能在轨道上移动。料斗提升时,严禁斗下有人。

(8)作业后,必须切断电源,拔去电源插头,并用水将机械内外砂浆和积水清洗干净(清洗时严禁电气设备进水),方可离开。

六、打入式钢筋混凝土预制桩施工

1. 打入式钢筋混凝土预制桩安全施工的一般规定

(1)在软土层起动桩锤时,应先关闭油门冷打,待每次贯入度小于100mm时,再开起油门起动桩锤,不得在桩锤下沉或贯入度较大时给油起动。

(2)桩机施工场地坡度按规定一般不大于1%,地基承载力不小于83kPa的要求。

(3)在施工全过程中,严格执行打桩机械的安全操作规程,防止机械及人身安全事故的发生。

(4)振动或锤击沉桩机、冲击机操作时,应安放平稳,防止突然倾倒或锤头突然下落,造成人员伤亡或设备损坏。

(5)在锤击过程中,起落架可缓慢下降,但不得低于上气缸口以上2m。

(6)作业中,水套的水由于冷却蒸发而低于下气缸口及排气口时,应及时补充。严禁在无水情况下作业。

(7)桩机行走时,必须有专人指挥,在坡道上行走时,应将桩机重心移在坡道上方，坡度不得大于5°。

2. 打入式钢筋混凝土预制桩安全施工的准备工作

(1)建筑场地地面上所有障碍物和地下管线、电缆、基础等均全部拆除或搬迁。场地内已平整压实，能保证桩机正常行走和施工，周围已做好有效的排水措施。

(2)桩机振动对邻近建筑物及厂房内仪器设备有影响的已采取有效保护措施。

(3)竖立桩机导杆前，应对各连接件进行检查，轨道式的要夹紧轨钳，制动住行走及回转机构，导杆两侧及前端必须系好缆风绳。

(4)检查起落架的工作情况并加以润滑，起动钩与上活塞接触线应在5～10mm之间。

(5)检查导板磨损间隙，如超过7～10mm时，应更换。

(6)检查各螺栓应紧固，特别是导板的固定螺栓，不得在松动及缺件的情况下作业。

3. 打入式钢筋混凝土预制桩安全施工对施工机械一般规定

(1)焊接操作及配合人员必须按规定穿戴劳动保护用品，并必须采取防止触电、高空坠落、瓦斯中毒和火灾等事故的安全措施。

(2)现场使用的电焊机，应设有防雨、防潮、防晒的机棚，并应设相应的消防器材。

(3)施焊现场10m范围内，不得堆放油类、木材、氧气瓶、乙炔发生器等易燃、易爆物品。

(4)电焊钳握柄必须绝缘良好。操作人员不得用胳膊夹持电焊钳。

(5)高空焊接或切割时，必须系好安全带，焊接周围和下方应采取防火措施，并应有专人监护。

4. 打入式钢筋混凝土预制桩施工的施工机械及工具

柴油打桩机、起重机、电焊机、气割工具

5. 柴油打桩机作业的安全要求

(1)作业前，应打开放气螺塞，排出油路中的空气，并应检查和试验燃油泵，从清扫孔中观察喷油情况；发现不正常时，应予调整。

(2)应检查所有紧固螺栓，并应重点检查导向板的固定螺栓，不得在松动及缺件情况下作业。

(3)检查并确认起落架各工作机构安全可靠，起动钩与上活塞接触线在5～10m之间。

(4)对新起用的桩锤，应预先沿上活塞一周浇入0.5L润滑油，并应用油枪对下活塞加注一定量的润滑油。

(5)提起桩锤脱出砧座后，其下滑长度不宜超过200mm。超过时应调整桩帽绳扣。

(6)应检查导向板磨损间隙，当间隙超过7mm时，应予更换。

(7)应检查缓冲胶垫,当砧座和橡胶垫的接触面小于原面积三分之二时,或下汽缸法兰与砧座间隙小于7mm时,均应更换橡胶垫。

(8)对水冷式桩锤,应将水箱内的水加满。冷却水必须使用软水。冬季应加温水。

(9)在桩贯入度较大的软土层起动桩锤时,应先关闭油门冷打,待每击贯入度小于100mm时,再开启油门起动桩锤。

(10)锤击中,上活塞最大起跳高度不得超过出厂说明书规定。目视测定高度宜符合出厂说明书上的目测表或计算公式。当超过规定高度时,应减少油门,控制落距。

(11)当上活塞与起动钩脱离后,应将起落架继续提起,宜使它与上气缸达到或超过2m的距离。

(12)桩锤起动前,应使桩锤、桩帽和桩在同一轴线上,不得偏心打桩。

(13)当上活塞下落而柴油锤未燃爆时,上活塞可发生短时间的起伏,此时起落架不得落下,应防撞击碰块。

(14)打桩过程,应有人负责拉好曲臂上的控制绳;在意外情况下,可使用控制绳紧急停锤。

(15)桩帽中的填料不得偏斜,作业中应保证锤击桩帽中心。

(16)作业中,当水套的水由于蒸发而低于下气缸吸排气口时,应及时补充,严禁无水作业。

(17)停机后,应将桩锤放到最低位置,盖上气缸盖和吸排气孔塞子,关闭燃料阀,将操作杆置于停机位置,起落架升至高于桩锤1m处,锁住安全限位装置。

6. 电焊机的安全要求

(1)使用前,应检查并确认初、次级线接线正确,输入电压符合电焊机的铭牌规定。接通电源后,严禁接触初级线路的带电部分。

(2)次级抽头连接铜板应压紧,接线柱应有垫圈。合闸前,应详细检查接线螺帽、螺栓及其他部件并确认完好齐全、无松动或损坏。

(3)多台电焊机集中使用时,应分接在三相电源网络上,使三相负载平衡。多台焊机的接地装置,应分别由接地极处引接,不得串联。

(4)移动电焊机时,应切断电源,不得用拖拉电缆的方法移动电焊机。当焊接中突然停电时,应立即切断电源。

7. 气割工具安全要求

(1)氧气瓶应与其他易燃气瓶、油脂和其他易燃、易爆物品分别存放,且不得同车运输。

(2)氧气瓶应有防震圈和安全帽;不得倒置;不得在强烈阳光下曝晒。不得用行车或吊车吊运氧气瓶。

(3)未安装减压器的氧气瓶严禁使用。

(4)点燃焊割炬时，应先开乙炔阀点火，再开氧气阀调整火焰。关闭时，应先关闭乙炔阀，再关闭氧气阀。

(5)乙炔软管、氧气软管不得错装。使用时，当氧气软管着火时，不得折弯软管断气，应迅速关闭氧气阀门，停止供氧。当乙炔软管着火时，应先关熄炬火，可采用弯折前面一段软管将火熄灭。

(6)不得将橡胶软管背在背上操作。当焊枪内带有乙炔、氧气时不得放在金属管、槽、缸、箱内。

(7)氢氧并用时，应先开乙炔气，再开氢气，最后开氧气，再点燃。熄灭时，应先关氧气，再关氢气，最后关乙炔气。

(8)作业后，应卸下减压器，拧上气瓶安全帽，将软管卷起捆好，挂在室内干燥处。

七、预钻孔混凝土打入桩施工

1. 预钻孔混凝土打入桩安全施工的一般规定

(1)打桩前，应对邻近施工范围内的原有建筑物、地下管线等进行检查，对有影响的工程，应采取有效的加固防护措施或隔离措施，施工时加强观测，以确保安全。

(2)打桩机行走道路必须平整、坚实、松软地段须压实。场地四周应挖排水沟以利排水，保证机械行走安全。

(3)打(沉)桩前应全面检查机械各部件及润滑情况，钢丝绳是否完好，发现问题及时解决；检查后要进行试运转，严禁带病作业。打(沉)桩机械设备应由专人操作，并经常检查机架部分有无脱杆和螺栓松动，注意机械的运转的情况，加强机械的维护保养，以保证机械的正常使用。

(4)现场操作人员应戴安全帽，高处作业挂安全带、检修桩机时不得向下乱丢物件。

(5)机械司机在打(沉)桩操作时，要集中精力，服从指挥信号，并应经常注意机械运转情况，发现异常情况，立即检查处理，以防机械倾倒、倾斜或桩锤不工作时突然下落等事故的发生。

(6)打桩时，必须有足够的照明设施，雷雨天、大风、大雾天，应停止打桩作业 。

(7)送桩拔出后再下的桩孔，应及时回填或加盖。

(8)其他有关规定见本章第二节“六、打入式钢筋混凝土预制桩施工”的第1项。

2. 预钻孔混凝土打入桩安全施工准备工作

(1)排除桩基范围内的高空、地下、地面障碍物。场地内已平整压实，能保证打桩机械正常行走和施工。雨季施工已做好排水措施。

(2)打桩场地附近建筑物有防震要求时，已采取防震措施。

(3)已检查打桩机设备及起重工具。已铺设水、电管线，进行设备安装。

(4)竖立桩机导杆前，应对各连接件进行检查，轨道式的要夹紧轨钳，制动住行走及回转机构，导杆两侧及前端必须系好缆风绳。

(5)检查起落架的工作情况并加以润滑,起动钩与上活塞接触线应在5~10mm之间。

(6)检查各螺栓应紧固,特别是导板的固定螺栓,不得在松动及缺件的情况下作业。

3. 预钻孔混凝土打入桩施工的施工机械及机具

柴油打桩机、转盘钻孔机、电焊机、气割工具

4. 转盘钻孔机作业的安全要求

(1)安装钻孔前,应掌握勘探资料,并确认地质条件符合该钻机的要求,地下无埋设物,作业范围内无障碍物,施工现场与架空输电线路的安全距离符合规定。

(2)安装钻孔机时,钻机钻架基础应夯实、整平。轮胎式钻机的钻架下应铺设枕木,垫起轮胎,钻机垫起后应保持整机处于水平位置。

(3)钻机的安装和钻头的组装应按照说明书规定进行,竖立或放倒钻架时,应有熟练的专业人员进行。

(4)钻架的吊重中心,钻机的卡孔和护筒管中心应在同一垂直线上。钻杆中心允许偏差为20mm。

(5)钻头和钻杆连接螺纹应良好,滑扣时不得使用。钻头焊接应牢固,不得有裂纹。钻杆连接处应加便于拆卸的厚垫圈。

(6)作业前重点检查项目应符合下列要求:

①各部件安装紧固,转动部位和传动带有防护罩,钢丝绳完好,离合器、制动带功能良好。

②润滑油符合规定,各管路接头密封良好,无漏油、漏气、漏水现象。

③电气设备齐全,电路配置完好。

④钻机作业范围内无障碍物。

(7)作业前,应将各部操纵手柄先置于空挡位置,用人力盘动无卡阻,再起动电动机空转运转,确认一切正常后,方可作业。

(8)开机时,应先送浆后开钻;停机时,应先停钻后停浆。泥浆泵应有专人看管,对泥浆质量和浆面高度应随时测量和调整,保证浓度合适。停钻时,出现漏浆应及时补充。并应随时清除沉淀池中杂物,保持泥浆纯净和循环不中断,防止塌孔和埋钻。

(9)开钻时,钻压应轻,转速应慢。在钻进过程中,应根据地质情况和钻进深度,选择合适的钻压和钻速,均匀钻进。

(10)变速箱换挡时,应先停机,挂上挡后再开机。

(11)加接钻杆时,应使用特制的连接螺栓均匀紧固,保证连接处的密封性,并做好连接处的清洁工作。

(12)钻进中,应随时观察钻机的运转情况,当发生异响、吊索具破损、漏气、漏渣及其他不正常情况时,应立即停机检查,排除故障后,方可继续开钻。

(13)提钻、下钻时,应轻提轻放。钻机下和井孔周围 2m 以内及高压胶管下,不得站人。严禁钻杆在旋转时提升。

(14)发生提钻受阻时,应先设法使钻具活动后再慢慢提升,不得强行提升。如钻进受阻时,应采取缓冲击法解除,并查明原因,采取措施后,方可钻进。

(15)钻架、钻台平车、封口平车等的承载部位不得超载。

(16)使用空气反循环时,其喷浆口应遮拦,并应固定管端。

(17)钻进进尺达到要求时,应根据钻杆长度换算孔底标高,确认无误后,再把钻头略为提起,降低速度,空转 5～20min 后再停钻。停钻时,应先停钻后停风。

(18)钻机移位和拆卸,应按照说明书规定进行,在转移和拆运过程中,应防止碰撞机架。

(19)作业后,应对钻机进行清洗和润滑,并应将主要部位遮盖妥当。

八、预制桩(桩锚杆)机械静力压桩施工

1. 预制桩(桩锚杆)机械静力压桩安全施工的一般规定

(1)打桩前,应对邻近施工范围内的原有建筑物、地下管线等进行检查,对有影响的工程,应采取有效的加固防护措施或隔离措施,施工时加强观测,以确保安全。

(2)打桩机行走道路必须平整、坚实、松软地段须压实。场地四周应挖排水沟以利排水,保证机械行走安全。

(3)机械司机在施工操作时,听从指挥信号,不得随意离开岗位,应经常注意机械的运转情况,发现异常应立即检查处理。

(4)桩应达到设计强度 75%方可起吊,达到 100%方可运输和压桩。当桩长在 16m 内,可用一个吊点起吊,吊点位置应设在距桩端 0.29 倍桩长处。

(5)吊桩就位时,起吊要慢,并拉紧溜绳,防止桩头冲击桩架,撞坏机身,吊立后要加强检查,发现不安全情况及时处理。

(6)送桩拔出后留下桩孔,应及时回填或加盖板。压桩作业时,应有统一指挥。压桩人员和吊桩人员应密切联系、相互配合。

(7)当压桩机的电动机尚未运行前,不得进行压桩。

(8)硫黄胶泥的原料及制品在运输、贮存和使用时应注意防火。熬制胶泥时,操作人员应穿戴防护用品,熬制场地应通风良好,人应在上风操作,严禁水溅入锅内。胶泥浇筑后,上节桩应缓慢放下,防止胶泥飞溅伤人。

(9)机械司机在打(沉)桩操作时,要集中精力,服从指挥信号,并应经常注意机械运转情况,发现异常情况,立即检查处理,以防机械倾倒、倾斜或桩锤不工作时,突然下落等事故的发生。

(10)打桩时,必须有足够的照明设施,雷雨天、大风、大雾天,应停止打桩作业 。

(11)送桩拔出后再下的桩孔,应及时回填或加盖。

(12)其他有关规定见本章第二节“六、打入式钢筋混凝土预制桩施工”的第 1 项。

2. 预制桩(桩锚杆)机械静力压桩安全施工的准备工作

(1)排除桩基范围内的高空、地下、地面障碍物。场地内已平整压实,能保证压桩机械正常行走和施工。雨季施工已做好排水措施。

(2)选择和确定压桩机施工顺序及进出路线方案。

(3)检查压桩机设备及起重工具。铺设水、电管线,进行设备安装。

(4)各施工机械已做好安全检查,可进行施工。

(5)电源在导通时,应检查电源电压并使其保持在额定电压范围内。

(6)安装配重前,应对各紧固件进行检查,在紧固件未拧紧前不得进行配重安装。

(7)作业前应检查并确认各传动机构、齿轮箱、防护罩等良好,应进行满载试吊。

(8)作业前应检查并确认起重机起升、变幅机构正常,吊具钢丝绳、制动器等良好。

(9)检查并确认电缆表面无损伤,保护接地电阻符合规定,电源电压正常,旋转方向正常。

(10)应检查并确认润滑油、液压油的油位符合规定,液压系统无渗漏,液压缸动作灵活。

3. 预制桩(桩锚杆)机械静力压桩施工的施工机械及机具

静力压桩机、轮胎式起重机、载重汽车、电焊机、气焊设备、空气压缩机。

4. 静力压桩机作业的安全要求

(1)压桩机安装地点应按施工要求进行先期处理,应平整场地,地面应达到35kPa 的平均地基承载力。

(2)冬季清除机上积雪,工作平台应有防滑措施。

(3)压桩作业时,应有统一指挥,压桩人员和吊桩人员应密切联系,相互配合。

(4)当压桩机的电动机尚未正常运行前,不得进行压桩。

(5)起重机吊桩进入夹持机构进行接桩或插桩作业中,应确认在压桩开始前吊钩已安全脱离桩体。

(6)压桩时,应按桩机技术性能表作业,不得超载运行。操作时动作不应过猛,避免冲击。

(7)压桩时,非工作人员应离机 10m 以外。起重机的起重臂下,严禁站人。

(8)当桩在压入过程中,夹持机构与桩侧出现打滑时,不得强行操作。找出打滑原因,排除故障后,方可继续进行。

(9)作业后,应将控制器放在“零位”,并依次切断各部位电源,锁闭门窗,冬季应放尽各部积水。

5. 轮胎式起重机作业的安全要求

(1)起重机行驶和工作的场地应保持平坦坚实,并应与沟渠、基坑保持安全距离。

(2)起重机启动前重点检查项目应符合下列要求:

①各安全保护装置和指示仪表齐全完好。

②钢丝绳及连接部位符合规定。

③燃油、润滑油、液压油及冷却水添加充足。

④各连接件无松动。

⑤ 轮胎气压符合规定。

(3)作业中严禁扳动支腿操作阀。调整支腿必须在无载荷时进行，并将起重臂转至正前或正后方可再进行调整。

(4)起重时，当限制器发出警报应立即停止伸臂。起重臂缩回时，仰角不宜太小。

(5)汽车式起重机起吊作业时，汽车驾驶室内不得有人，重物不得超越驾驶室上方，且不得在车的前方起吊。

(6)作业中发现起重机倾斜、支腿不稳等异常现象时，应立即使重物下降落在安全的地方，下降中严禁制动。

(7)重物在空中需要长时间停留时，应将起升卷筒制动锁住，操作人员不得离开操纵室。

(8)作业后，应将起重臂全部缩回放在支架上，再收回支腿。吊钩应用专用钢丝绳挂牢；应将车架尾部两撑杆分别撑在尾部下方的支座内，并用螺母固定；应将阻止机身旋转的销式制动器插入销孔，并将取力器操纵手柄放在脱开位置，最后应锁住起重操纵室门。

(9)行驶前，应检查并确认各支腿的收存无松动，轮胎气压应符合规定。不得高速行驶。

(10)行驶时，严禁人员在底盘走台上站立或蹲坐，并不得堆放物件。

6. 载重汽车的安全要求

(1)装载物品应捆绑稳固牢靠。轮式机具和筒形物件装运时应采取防止滚动的措施。

(2)不得人货混装。因工作需要搭载人员时，人不得在货物之间或货物与前车厢板间隙内。严禁攀爬或坐卧在货物上面。

(3)运载易燃、有毒、强腐蚀等危险品时，其装载、包装、遮盖必须符合有关的安全规定，并应备有性能良好、有效期内的灭火器。途中停放应避开火源、火种、居民区、建筑群等，炎热季节应选择阴凉处停放。装卸时严禁火种。除必要的行车人员外，不得搭乘其他人员。严禁混装备用燃油。

(4)装运易燃物资或器材时，车厢底面应垫有减轻货物振动的软垫层。

(5)装载氧气时，车厢板的油污应清除干净，严禁混装油料或盛油容器。

九、长螺旋钻孔灌注桩施工

1. 长螺旋钻孔灌注桩安全施工的一般规定

(1)机械传动部分设防护罩以免伤人。

(2)施工前检查钻机是否安装平稳，防止施工中突然倾倒造成机械损坏和人员伤亡事故。

(3)雷雨天停止施工，切断电源。

(4)已成孔尚未浇筑混凝土时，应用盖板盖好孔口，以防造成伤人事故。

(5)其他有关规定见本章第二节“五、土层锚杆施工”的第1项。

2. 长螺旋钻孔灌注桩安全施工的准备工作

(1)施工前应确认场地内无障碍物，钻机塔架距高压输电线距离应符合《施工现场临时用电安全技术规范》(JGJ 46—2005)要求。

(2)开钻前检查动力头与钻杆及各部件连接是否牢固，传动部分是否灵活，正常后方可正式开钻。

(3)施工前，应标定搅拌机械的灰浆泵输送量、灰浆输送管到达搅拌机喷浆口的时间和起吊设备提升速度等施工工艺参数，并根据设计要求通过试验确定搅拌桩材料的配合比。

(4)设备开机前应检修、试调，检查桩机运行和输料管畅通情况。

(5)场地应先整平，清除场地内地上地下一切障碍物，场地低洼处应回填并夯实。

3. 长螺旋钻孔灌注桩施工的施工机械

螺旋钻孔机、混凝土搅拌机、钢筋加工设备、机动翻斗车、起重机。

十、冲击成孔灌注桩施工

1. 冲击成孔灌注桩安全施工的准备工作

(1)施工前必须取得场地的地质勘查报告，桩基施工图，编制施工技术方案或措施并经审批。

(2)施工场地内所有地上障碍物和地下埋设物(如管线、电缆、旧场地、石块、树根等)已经排除，附近有防震要求的建筑物和危房已采取保护措施。

(3)场地已经整平周围已设排水设施，对场地中影响施工机械进场的松软土层已进行适当碾压处理。

(4)施工临时供水，供电，运输道路及小型临时设施已经修筑，泥浆池及废浆处理池已设置。

2. 冲击成孔灌注桩施工的施工机械

冲击钻机、混凝土搅拌机、机动翻斗车、水泵、钢筋加工设备。

3. 冲击钻机作业的安全要求

(1)冲击(钻)成孔机械操作应放平稳，防止冲孔时突然倾倒或冲锤突然下落，造成人员伤亡和设备损坏。

(2)采用泥浆护壁成孔，应根据设备情况、地质条件和孔内情况变化，认真控制泥浆密度、孔内水头高度、护筒埋设深度、钻机垂直度、钻进和提钻速度等，以防塌孔，造成机具塌陷。

(3)冲击锤(钻)操作时，距落锤6m范围内不得有人员走动或进行其他作业，非工作人员不准进入施工区域内。

(4)冲(钻)孔灌注桩在已成孔尚未灌注混凝土,应用盖板封严,以免掉土或发生人身安全事故。

(5)所有成孔设备,电路要架空设置,不得使用不防水电缆或绝缘层有损伤的电线。

(6)恶劣气候时冲(钻)孔机应停止作业,休息或作业结束,应切断电源,电闸箱加锁。

(7)混凝土灌注时,装、拆导管人员必须戴安全帽,并注意防止扳手、螺丝等掉入桩孔内;拆卸导管时,其上空不得进行其他作业,导管提升后继续浇注混凝土前,必须检查其是否垫稳或挂牢。

(8)冲击钻具应注意必须连接牢固,总重量不得超过钻机或卷扬机使用说明书规定。钢丝绳不得超负荷使用,以免发生意外事故。

(9)下钻时应注意先将钻头垂直吊稳后,再导正下入孔内,不得松刹车,高速下放。提钻时应先缓慢提数米,未遇阻力后,再按正常速度提升。如发现有阻力,应将钻具下放,使钻头转动方向后再提,不得强行提拉。

(10)钻进中,当发现塌孔、扁孔、斜孔时,应及时处理。发现缩颈时,应经常提动钻具,修护孔壁,每次冲击时间不宜过长,以防卡钻。

(11)整个成孔过程中,应注意始终保持孔内液面比地下水位高1.5~2.0m,以液柱的静压和渗压保持孔壁稳定。

4. 混凝土搅拌机作业的安全要求

(1)固定式搅拌机应安装在牢固的台座上。当长期固定时,应埋置地脚螺栓;在短期使用时,应在机座上铺设木枕并找平放稳。

(2)固定式搅拌机的操纵台,应使操作人员能看到各部工作情况。电动搅拌机的操作台,应垫上橡胶板或干燥木板。

(3)移动式搅拌机的停放位置应选择平整坚实的场地,周围应有良好的排水沟渠。

(4)对需设置上料斗地坑的搅拌机,其坑口周围应垫高夯实,应防止地面水流入坑内。上料轨道的底端支承面应夯实或铺砖,轨道架的后面应采用木料加以支承,应防止作业时轨道变形。

(5)料斗放到最低位置时,在料斗与地面之间,应加一层缓冲垫木。

(6)作业前重点检查项目应符合下列要求:

①电源电压升降幅度不超过额定值的5%。

②电动机和电器元件的接线牢固,保护接零或接地电阻符合规定。

③各传动机构、工作装置、制动器等均紧固可靠,开式齿轮、皮带轮等均有防护罩。上料斗必须设保险链。

④齿轮箱的油质、油量符合规定。

(7)作业前,应先起动搅拌机空载运转。应确认搅拌筒或叶片旋转方向与筒体上箭头所示方向一致。对反转出料的搅拌机,应使搅拌筒正、反转运转数分钟,并应无冲击抖动现象和异常噪声。

(8)作业前,应进行料斗提升试验,应观察并确认离合器、制动器灵活可靠。

(9)进料时,严禁将头或手伸入料斗与机架之间。运转中,严禁用手或工具伸入搅拌筒内扒料、出料。

(10)搅拌机作业中,当料斗升起时,严禁任何人在料斗下逗留或通过;当需要在料斗下检修或清理料坑时,应将料斗提升后用铁链或插入销锁住。

(11)搅拌机作业中如发生电弧、冒火或电压突然下降等情况,应立刻停作业,并切断电源,由专业人员进行检修。

(12)作业后,应对搅拌机进行全面清理;当操作人员需进入筒内时,必须切断电源或卸下熔断器,锁好开关箱,挂上“禁止合闸”标牌,并应有人在外监护。

(13)作业后,应将水泵、放水开关、量水器中的积水排尽。

(14)搅拌机在场内移动或远距离运输时,应将进料斗提升到上止点,用保险铁链或插销锁住。

5. 钢筋加工设备的安全要求

(1)接送料的工作台面应和切刀下部保持水平,工作台的长度可根据加工材料长度确定。

(2)起动前,应检查并确认切刀无裂纹,刀架螺栓紧固,防护罩牢靠。

(3)起动后,应先空运转,检查各传动部分及轴承部分运转正常后,方可作业。

(4)机械未达到正常转速时,不得切料。切料时,操作者应站在固定刀片一侧用力压住钢筋,应防止钢筋末端弹出伤人。严禁用两手在刀片两边握住钢筋俯身送料。

(5)切断短料时,手和切刀之间的距离应保持在 150mm 以上,如手握端小于 400mm 时,应采用套管或夹具将钢筋短头压住或夹牢。

(6)运转中,严禁用手直接清除切刀附近的断头和杂物。钢筋摆动周围和切刀周围,不得停留非操作人员。

(7)当发现机械运转不正常、有异响声或切刀歪斜时,应立即停机检修。

(8)作业中,手应持稳切断机,并戴好绝缘手套。

(9)工作台和弯曲机台面应保持水平,作业前应准备好各种芯轴及工具。

(10)挡铁轴的直径和强度不得小于被弯曲钢筋的直径和强度。不直的钢筋不得在弯曲机上弯曲。

(11)应检查并确认芯轴、挡铁轴、转盘等无裂纹,防护罩坚固可靠,空载运转正常后,方可作业。

(12)作业时,应将钢筋需弯曲一端插入在转盘固定销的间隙内,另一端紧靠机身固定销,并用手压紧;应检查机身固定销并确认安放在挡住钢筋的一侧,方可开动。

(13)作业中,严禁更换轴芯、销子和变换角以及调速,也不得进行清扫和加油。

(14)对超过机械铭牌规定直径的钢筋严禁进行弯曲。在弯曲未经冷拉或带有锈皮的钢筋时,应戴防护镜。

(15)转盘换向时,应待停稳后进行。

(16)作业后,应及时清除转盘及插入座孔内的铁锈、杂物等。

十一、套管成孔混凝土灌注桩施工

1. 套管成孔混凝土灌注桩安全施工的一般规定

(1)打(沉)管机械应安装平稳牢固,不得因发生倾斜而造成事故。

(2)桩机操作人员,应持证上岗,并熟悉机械性能,无关人员严禁进入现场,孔前应有专人指挥工作。

(3)在桩机架上进行高空维护作业,必须系安全带戴安全帽。

(4)振动沉管时,若用收紧钢丝绳加压,应根据套管沉入深度,随时调整离合器,防止抬起桩架,发生事故,悬挂振动锤的吊钩上必须有防松脱保护装置。当采用锤击沉管时,严禁用手扶正桩尖垫料。不得在锤未打到管顶就起锤或过早刹车。

(5)浇注混凝土时,钻机操作应配合灌注作业,根据孔深、桩长适当配管,在保证浇注管埋入混凝土面,应同步拔管拆管,并确保浇注成桩质量。

(6)施工中如遇大风或施工暂停时,应将桩管插入地下嵌固,以免倾倒危及桩机安全。

(7)禁止无关人员进入现场,打沉套管应有专人指挥。

(8)桩机操作人员应了解桩机的性能、构造,并熟悉操作保养方法,方能操作。

(9)其他有关规定同本章第二节"九、长螺旋钻孔灌注桩施工"的第1项。

2. 套管成孔混凝土灌注桩安全施工的准备工作

(1)施工场地内地下管线(水管、煤气管线)已查清位置或已排除。

(2)对影响施工机械运行的松软场地已进行碾压处理。

(3)采用振动沉管时,对附近的建筑物和危房已采取措施

3. 套管成孔混凝土灌注桩施工的施工机械

全套管成孔机、柴油打夯机、卷扬机、机动翻斗车、混凝土搅拌机、钢筋加工设备、电焊机及气割设备。

4. 全套管成孔机作业的安全要求

(1)施工场地范围内地下地上障碍均已排除或处理。场地已平整,对影响施工机械行驶的松软地段已进行压实。钻机安装场地应平整、夯实,能承载该机的工作压力;当地基不良时,钻机下应加铺钢板防护。

(2)安装钻机时,应在专业技术人员指挥下进行。安装人员必须经过培训,熟悉安装工艺及指挥信号,并有保证安全的技术措施。

(3)施工现场设警示标志,禁止无关人员进入现场。

(4)安装钻机前,应掌握勘探资料,并确认地质条件符合该钻机的要求,地下无

埋设物,作业范围内无障碍物,施工现场与架空输电线路的安全距离符合规定。

(5)与钻机相匹配的起重机,应根据成桩时所需的高度和起重量进行选择。当钻机与起重机连接时,各个部位的连接均应牢固可靠。钻机与动力装置的液压油管和电缆线应按出厂说明书规定连接。

(6)引入机组的照明电源,应安装低压变压器,电压不应超过36V。

(7)作业前应进行外观检查并应符合下列要求:

①钻机各部分外观良好,各连接螺栓无松动。

②燃油、润滑油、冷却水等符合规定,无渗漏现象。

③各部钢丝绳无损坏和锈蚀,连接正确。

④各卷扬机的离合器、制动器无异常现象,液压装置工作有效。

⑤ 套管和浇注管内侧无明显的变形和损伤,未被混凝土黏结。

(8)应通过检查确认无误后,方可启动内燃机,并怠速运转逐步加速至额定转速,按照指定的桩位对位,通过试调,使钻机纵横向达到水平、位正,再进行作业。

(9)机组人员应监视各仪表指示数据,倾听运转声响,发现异状或异响,应立即停机处理。

(10)第一节套管入土后,应随时调整套管的垂直度。当套管入土5m以下时,不得强行纠偏。

(11)在作业过程中,当发现主机在地面及液压支撑处下沉时,应立即停机。在采用30mm厚钢板或路基箱扩大托承面、减小接地应力等措施后,方可继续作业。

(12)在套管内挖掘土层中,碰到硬土岩和风化岩硬层时,不得用锤式抓斗冲击硬层,应采用十字凿锤将硬层有效的凿碎后,方可继续挖掘。

(13)用锤式抓斗挖掘管内土层时,应在套管上加装保护套接头的喇叭口。

(14)套管在对接时,接头螺栓应按出厂说明书规定的扭矩对称拧紧。接头螺栓拆下时,应立即洗净后浸入油中。

(15)起吊套管时,应使用专用工具吊装,不得用卡环直接吊在螺纹孔内,亦不得使用其他损坏套管螺纹的起吊方法。

(16)挖掘过程中,应保持套管的摆动。当发现套管不能摆动时,应采用拔出液压缸将套管上提,再用起重机助拔,直至拔起部分套管能摆动为止。

(17)打沉套管应有专人指挥。

(18)桩机操作人员应了解桩机性能、构造、并熟悉操作保养方法,方能操作。

(19)在桩架上装卸维修机件,进行高空作业时,必须系好安全带。

(20)桩机行走时,应先清理地面上的障碍物和挪动电缆。挪动电缆应戴绝缘手套,注意防止电线绝缘磨损漏电。

(21)振动沉管时,若用收紧钢丝绳加压,应根据桩管沉入度,随时调整离合器,防止抬起桩架,发生事故。锤击沉管时,严禁用手扶正桩间垫料。不得在桩锤未打到管顶就起锤或过早刹车。

(22)施工过程中如遇大风,应将桩管插入地下嵌固,以确保桩机安全。

(23)浇注混凝土时,钻机操作和灌注作业密切配合,应根据孔深,桩长适当配管,套管与浇注管应保持同心,在浇注管埋入混凝土 2～4m 之间时,应同步拔管和拆管,并应确保浇注成桩质量。

(24)作业后,应就地清除机体、锤式抓斗及套管等外表的混凝土和泥沙,将机架放回行走原位,将机组转移至安全场所。

5. 卷扬机作业的安全要求

(1)安装时,基座应平稳牢固、周围排水畅通、地锚设置可靠,并应搭设工作棚。操作人员的位置应能看清指挥人员和拖动或起吊的物件。

(2)作业前,应检查卷扬机与地面的固定,弹性联轴器不得松旷,并应检查安全装置、防护设施、电气线路、接零或接地线、制动装置和钢丝绳等,全部合格后方可使用。

(3)使用皮带或开式齿轮传动的部分,均应设防护罩,导向滑轮不得用开口拉板式滑轮。

(4)钢丝绳应与卷筒及吊笼连接牢固,不得与机身或地面摩擦,通过道路时,应设过路保护装置。

(5)在卷扬机制动操作杆的行程范围内,不得有障碍物或阻卡现象。

(6)卷筒上的钢丝绳应排列整齐,当重叠或斜绕时,应停机重排列,严禁在转动中用手拉脚踩钢丝绳。

(7)作业中,任何人不得跨越正在作业的卷扬钢丝绳。物件提升后,操作人员不得离开卷扬机,物件或吊笼下严禁人员停留或通过。

(8)作业中如发现异响、制动不灵、制动带或轴承等温度剧烈上升等异常情况时,应立即停机检查,排除故障后方可使用。

(9)作业中停电时,应切断电源,将提升物件或吊笼降至地面。

(10)作业完毕,应将提升吊笼或物件降至地面,并应切断电源,锁好开关箱。

十二、人工挖孔灌注桩施工

1. 人工挖孔灌注桩安全施工的一般规定

(1)人工挖桩孔的人员必须经过技术与安全操作知识培训,考试合格,持证上岗。

(2)下孔作业前,应排除孔内有害气体,并向孔内输新鲜空气或氧气。

(3)每日作业前应检查桩孔及施工工具,施工所使用的电气设备,必须装有漏电保护装置,提土工具、装土容器应符合轻、柔、软,并有防坠落措施。

(4)挖孔桩施工现场应配有急救用品(氧气等)。遇有异常情况,如孔、地下水、黑土层、有害气体等,应立即停止作业,撤离危险区,不得擅自处理,严禁冒险作业。

(5)在孔口应设安全盖板,井四周设护栏。凡下孔作业人员均需戴安全帽、系安全绳,必须从专用爬梯上下,严禁沿孔壁或乘运土设施上下。

(6)直径较大(1.2m 以上)桩口开挖,井口应设护筒,下部应设护壁;挖一节,随即浇一节混凝土护壁，以防坍孔，保证操作安全。

(7)吊桶装土，不应太满，以免在提升时掉落伤人；同时每挖完一节，应清理桩孔顶部周围松动土方、石块，防止落下伤人。向井内吊放钢筋等材料及施工工具时，必须绑紧系牢，防止溜脱发生坠落事件。

(8)人员上下要利用悬挂软绳梯。间歇时，不得在井口休息。

(9)每班作业前要打开孔盖进行通风。深度超过 5m 或遇有黑色土、深色土层时，要进行强制通风。每个施工现场应配备有害气体检测器，发现有毒、有害气体必须采取防范措施。下班(完工)必须将孔口盖严、盖牢。

(10)在 10m 深以下作业，应在井下设 100W 防水带罩灯泡照明，并用 12V 安全电压。井内一切设备必须接零接地，绝缘良好。20m 以下作业时，采取向井内通风，供给氧气，以防有害气体使人中毒。

(11)挖出的土方，应随出随运，暂不运走的，应堆放在孔口边 1m 以外，高度不超过 1m。容器装土不得过满，孔口边不准堆放零散杂物，3m 内不得有机动车辆行驶或停放，孔上任何人严禁向孔内投扔任何物料。

(12)凡孔内有人作业时，孔上必须有专人监护，并随时与孔内人员保持联系，不得擅自撤离岗位。孔上人员应随时监护孔壁变化及孔底作业情况，发现异常，应立即协助孔内人员撤离，并向领导报告。

(13)加强对孔壁土层漏水情况的观察，如发现流沙、大股流水等异常情况，应及时采取处理措施。

(14)桩孔挖好后，如不能及时浇筑混凝土，或中途停止挖孔时，孔口应予覆盖，防止发生人身事故。

(15)壁浇完后应进行检查，发现有蜂窝、漏水等现象，应及时补强，以防造成事故。

(16)电开关必须集中于井口，并应装设漏电保护器，防止漏电发生触电事故；值班电工必须经常检查，一切电器设备及线路，加强维护，及时发现问题并进行妥善处理。

(17)井内抽水管线、通风管、电线等必须妥善处理，并临时固定在护壁上，以防吊桶上下时挂住拉断或撞断。

(18)雷雨天停止施工，切断电源。

2. 人工挖孔灌注桩安全施工的准备工作

(1)开挖前，应该进行必要的地质调查、场地水文和基坑周边环境勘察。将施工区域内的地上、地下障碍物清除和处理完毕。

(2)对邻近建筑物或构筑物，应根据具体情况采取安全措施，以防止开挖时影响其基础和地基的稳定。

(3)建筑物或构筑物的位置或场地的定位控制线(桩)、水准基点及基槽的灰线尺寸，必须经过检验合格，并办完预检手续。

(4)开挖低于地下水位的桩孔时，应根据当地的地质资料，采取措施降低地下水位，一般要降至低于开挖面的0.5m，然后再开挖。

(5)施工前应对施工人员进行安全技术教育，并认真布置现场的安全防护设施，配备施工人员所必需的安全保护用品。

3. 人工挖孔灌注桩施工的施工机械

翻斗车、混凝土搅拌机、插入式振捣器。

4. 插入式振捣器作业的安全要求

(1)插入式振动器的电动机电源上，应安装漏电保护装置，接地或接零应安全可靠。

(2)操作人员应经过用电教育，作业时应穿戴绝缘胶鞋和绝缘手套。

(3)电缆线应满足操作所需的长度。电缆线上不得堆压物品或让车辆挤压，严禁用电缆线拖拉或吊持振动器。

(4)使用前，应检查各部并确认连接牢固，旋转方向正确。

(5)振动器不得在初凝的混凝土、地板、脚手架和干硬的地面上进行试振。在检修或作业间断时，应断开电源。

(6)作业时，振动棒软管的弯曲半径不得小于500mm，并不得多于两个弯，操作时应将振动棒垂直地沉入混凝土中，插入深度不应超过棒长的3/4，不宜触及钢筋、芯管及预埋件。

(7)振棒软管不得出现断裂，当软管使用过久使长度增长时，应及时修复或更换。

(8)作业停止需移动振动器时，应先关闭电动机，再切断电源。不得用软管拖拉电动机。

(9)完毕，应将电动机、软管、振动棒清理干净，并应按规定要求进行保养作业。振动器存放不得堆压软管，应平直放好，并应对电动机采取防潮措施。

十三、爆扩成孔灌注桩施工

1. 爆扩成孔灌注桩安全施工的一般规定

(1)爆扩前应根据孔内爆扩的部位、方向、深度及爆破能量，由专业人员设计选择爆破器材及炸药。

(2)爆破的安全距离应符合规定要求。爆破震动对建筑物影响的安全距离、空气冲击波的安全距离、爆破毒气的安全距离等，应经计算确定。

(3)装填爆破器应由专业人员进行，装填前应检查爆破器的密封性，不得漏水漏气。装填炸药必须采用木制工具轻轻捣实，雷管按放完毕后，应将雷管的两根导线拧在一起短路，并引出固定的爆破器口外。

(4)在进行控制爆破时，应对爆破体及附近建筑物、构筑物或设施进行防震及防护覆盖，以减弱爆破震动的影响和噪音，防止碎块飞掷。

(5)爆破时一切人员远离孔口，孔深100m以内时应距孔口50m，爆破深度小于

20m 时，应将孔口近处工具、设备搬至安全距离以外。

(6)起爆前、起爆时和爆破结束后，均应发出信号，在没有得到爆破结束信号前任何人不得返回孔口。

(7)爆破器通电后不起爆，应首先检查电源开关及导线，经检查一切良好，确认是爆破器本身问题后，将电源切断并交专人看管，将爆破器慢慢提出孔口，重新捆绑，再次起爆。

(8)爆破后应立即向孔口补充泥浆或清水，以防孔壁坍塌。

(9)清孔后立即浇注混凝土成桩，对留空段应回填素土至孔口，以免跌伤事故。

2. 爆破器材运输的安全要求

(1)在隧道工程外部运输爆破器材时，应遵守《中华人民共和国民用爆炸物品管理条例》。

(2)在任何情况下，雷管与炸药必须放置在带盖的容器内分别运送。人力运送时雷管与炸药不得由一人同时运送；汽车运输时，雷管与炸药必须分别装在两辆车内运送，其间距应相隔 50m 以上；有轨机动车运输时，雷管与炸药不宜在同一列车上运送，如必须用同一列车运送时，装雷管与炸药的车辆必须用三个空车厢隔开。

(3)人力运送爆破器材时必须有专人护送，并应直接送到工地，不得在中途停留；一人一次运送的炸药数量不得超过 20kg 或原包装一箱。

(4)汽车运送爆破器材时，汽车排气口应加装防火罩，运行中应显示红灯。器材必须由爆破工专人护送，其他人员严禁搭乘。爆破器材的装载高度不得超过车厢边缘，雷管或硝化甘油类炸药的装载不得超过两层。

(5)有轨机动车运送爆破器材时其行驶速度不得超过 2m/s，护送人员与装卸人员只准在尾车内乘坐，其他人员严禁乘车。硝化甘油类炸药或雷管必须放在专用带盖的木质车厢内，车内应铺有胶皮或麻袋并只准堆放一层。

(6)在竖井内运送爆破器材时，应遵守下列规定：

①必须事先通知卷扬机司机和井口上下联络人员。

②除爆破工和护送人员外，其他人员不得同罐乘坐。

③运送硝化甘油类炸药或雷管时，只准放一层，且不得滑动。运送其他炸药时，装载高度不得超过罐笼高度的 2/3，并不高于 1.2m。

④用罐笼运送硝化甘油类炸药或雷管时，其升降速度不得超过 2m/s，运送其他炸药不得超过 4m/s，用吊桶运送爆破器材时，其速度不得超过 1m/s。

⑤司机在操纵卷扬机时，不得使罐笼或吊桶发生振动。

⑥运送电雷管时应装入绝缘箱内，切断洞内所有电源，并检查钢丝绳是否带电。

⑦严禁爆破器材在井口房、井底车场或巷道内所停放。

⑧在上下班或人员集中的时间内，严禁运输爆破器材。

(7)严禁用翻斗车、自卸汽车、拖车、拖拉机、机动三轮车、人力三轮车、自行车、摩托车和皮带运输机运送爆破器材。

3. 爆扩成孔灌注桩安全施工的准备工作

(1)施工场内输电、通信线路、地下管线、电缆等已清除。

(2)场地已整平并压实,周围已设排水沟。

(3)对周围危险房屋、精密仪器、设备已采取可靠的防震保护措施。

(4)爆扩作业已向当地公安局登记备案,并取得爆扩作业证书。

(5)现场已进行了不少于2个爆扩成型试验,并取得了相关试验参数。

(6)操作人员已进行了安全教育培训;各种安全防护设施及个人防护用品配备齐全。

4. 爆扩成孔灌注桩施工的施工机械

钻机、混凝土搅拌机、翻斗车。

十四、轻型井点降水、管井井点降水施工

1. 轻型井点降水、管井井点降水安全施工的一般规定

(1)钻机成孔前应确定场地内是否有影响施工安全的地下管线(如电缆、煤气管道等),架空高压线符合《施工现场临时用电安全技术规范》(JGJ 46—2005)的要求。

(2)钻机底座应安装平稳坚实,主动钻杆应保持垂直,倾斜率小于1%,以免施工过程中钻机倾斜造成安全事故。

(3)钻机成孔时,钢丝绳与钻锤之间应采用钢丝绳卡联结,并设置自动转向装置,避免由于钻具的转动而绞断钢丝绳造成事故。

(4)对钻机经常使用的电缆要定期检查,接头处必须绑扎牢固,确保不漏水,不漏电。对于经常处于水泥浆浸泡处的线路应架空搭设。挪移钻机时,严禁挤压电缆及水管。

(5)进行钻孔时应严格执行有关操作规程,防止坍孔危及操作人员及周围管线和建筑物安全。

(6)成孔后在下过滤管时要确认过滤管及井管是否联结牢固。井口卡器是否可靠,避免造成“溜管”事故,伤及人员和机械。

(7)吊装井管作业时吊装指挥、司机、起重工要密切配合,严格按起重操作规程作业。

(8)潜水泵安装前,应将井口覆盖,以免掉入杂物和行人坠落。

(9)潜水泵放入井中前,应对其绝缘性能、功率、扬程等进行检测,符合设计要求后方可使用。

(10)潜水泵应放在坚固的铁丝编织的筐内,用细钢丝绳吊起放入水中,泵应直立水中,按设计深度放入井内并固定。

(11)潜水泵接通电源后,应先进行试转,并应检查确认旋转方向是否正确。在水外试转时间不得超过5分钟,以免烧坏电机。

(12)电缆与电机接头应绝缘,放入水中前应认真检查,避免漏电造成事故。

(13)潜水泵放入或提出水面前应先切断电源,再用钢丝绳提升,严禁提拽电缆或出水管。

(14)降水过程应经常检查孔内水位,避免因水位太低烧坏电动机,水位太高造成基坑无法施工。

(15)降水现场应设置备用电源,不得因停电水泵无法工作,造成基坑内水位迅速上升,导致机毁人亡事故。

(16)降水工作停止时间应征得土建设计人员同意,不得因降水工作停止过早,使基坑内水位上升而导致边坡坍塌,基础施工无法进行。

2. 轻型井点降水、管井井点降水安全施工的准备工作

(1)应了解工程性质,明确降水范围,降水深度,达到设计降深的时限要求及工程环境的要求,要准确掌握拟建建(构)筑物及邻近已有建(构)筑物对水位控制的要求。

(2)搜集降水工程场地与相邻地区的水文地质、工程地质、工程勘察等资料及周边工程降水实例。

(3)施工前应先进行降水工程场地踏勘,了解建筑物基础、地下管线,相邻建筑物及配套管线的平面位置、其基础结构及埋设方式。施工用水、供电、交通、排水及泥浆排放已具备条件。空中、地下障碍物已进行处理或迁移。

3. 轻型井点降水、管井井点降水施工的主要机械

螺旋钻机、离心泵、深水泵

4. 离心泵作业的安全要求

(1)水泵放置地点应坚实,安装应牢固、平稳,并应有防雨设施。多台水泵的高压软管接头应牢固可靠。数台水泵并列安装时,其扬程宜相同,每台之间应有0.8～1.0m的距离;串联安装时,应有相同的流量。

(2)冬季运转时,应做好管路、泵房的防冻、保温工作。

(3)启动前检查项目应符合下列要求:

①电动机与水泵的连接同心,联轴节的螺栓紧固,联轴节的转动部分有防护装置,泵的周围无障碍物。

②管路支架牢固,密封可靠,泵体、泵轴、填料和压盖严密,吸水管底阀无堵塞或漏水。

③排气阀畅通,进、出水管接头严密不漏,泵轴与泵体之间不漏水。

(4)运转时中发现下列情况,应立即停机检修

①漏水、漏气、填料部分发热。

②底阀滤网堵塞,运转声音异常。

③电动机温升过高,电流突然增大。

④机械零件松动或其他故障。

(5)升降吸水管时,应在有护栏的平台上操作。

(6)运转时,严禁人员从机上跨越。

(7)水泵停止作业时,应先关闭压力表,再关闭出水阀,然后切断电源。冬季使用时,应将各部位放水阀打开,放净水泵和水管中积水。

5. 深水泵作业的安全要求

(1)深水泵应使用在含砂量低于0.01%的清水源,泵房内设预润水箱,容量满足一次启动所需的预润水量。

(2)新装或经过大修的深水泵,应调整泵壳与叶轮的间隙,叶轮在运转中不得与壳体摩擦。

(3)深井泵在运转前应将清水通入轴与轴承的壳体内进行预润。

(4)深井泵启动前,检查项目应符合下列要求:

①底座基础螺栓已紧固。

②轴向间隙符合要求,调节螺栓的保险螺母已装好。

③填料压盖已旋紧并经过润滑。

④电动机轴承已润滑。

⑤用手旋转电动机转子和止退机构均灵活有效。

(5)深井泵不得在无水情况下空转。水泵的一、二级叶轮应浸入水位1m以下。运转中应经常观察井中水位的变化情况。

(6)运转中,当发现基础周围有较大振动时,应检查水泵的轴承或电动机填料处磨损情况;当磨损过多而漏水时,应更换新件。

(7)已吸、排过含有泥沙的深井泵,在停泵前,应用清水冲洗干净。

(8)停泵前,应先关闭出水阀,切断电源,锁好开关箱。冬季停用时,应放净泵中积水。

第三章　模板工程及高处作业的安全知识

第一节　模板工程

一、一般规定

1. 施工前的模板设计的安全内容

(1)应根据工程结构形式和混凝土施工工艺编制模板施工方案。

(2)模板及其支架应根据工程结构形式、荷载大小、地基土类别、施工设备和材料供应等条件进行设计。模板及其支架应具有足够的承载能力、刚度和稳定性,能可靠地承受浇筑混凝土的重量、测压力以及施工荷载。

(3)模板结构设计的内容应包括:模板和支撑系统的设计计算、材料规格、接头方法,构造大样及剪刀撑的设置要求等均应详细注明并绘制施工图。

2. 模板工程安全施工的一般规定

(1)当模板安装和拆除高度在 2m 及其以上时,悬空作业应有可靠的立足工作面,支拆 3m 以上高度的模板时,应搭设脚手架工作台,高度不足 3m 时可用移动式高凳。不准站在拉杆、支撑杆上操作,也不准站在梁底模上行走、操作。

(2)各类模板应按规格分类堆放整齐,地面应平整坚实,当无专门措施时,叠放高度一般不应超过 1.6m。

(3)模板工程安装后,应有现场技术负责人组织,按照施工方案进行安全验收。验收结果应量化,并纪录存在问题和整改情况。

(4)模板拆除前,应履行批准手续,应对照拆除的部位查阅混凝土强度试验报告,达到拆模强度时方可进行。拆除强度应遵守《混凝土结构工程施工质量验收规范》(GB 50204－2002)的规定。

(5)运送混凝土的小车道应垫板,不得直接在模板上运行。当须在钢筋网上通行时,必须搭设车行通道。运输通道应坚固稳定。

(6)支撑系统的选材及安装应按设计要求进行,基土上的支撑点应牢固平整,支撑系统在安装过程中应考虑必要的临时固定措施,以保证稳定性。

二、普通模板安装和拆除

1. 普通模板安装时的安全要求

(1)模板安装必须按施工方案要求进行,未经工程技术人员批准,不得任意变动。

(2)模板安装过程中不得上下交叉作业。上、下楼层均施工时,进出口应采取安全防护措施。

(3)模板及其支撑在安装过程中,必须有防倾倒的临时固定设施;已立好的支撑上端必须进行有效固定,支撑下端应安装水平拉杆。

(4)现浇多层结构在安装上层结构模板及其支撑时,下层结构必须具有承受上层荷载的能力,或下层架设有足够的支撑。上、下层支撑柱应在同一竖向中心线上。支撑柱底的垫板应平整,垫板长度至少应能承受两个以上的支承点,并应确保垫板的强度和稳定性。

(5)支撑柱接长使用时,应保证接头的承力和稳定。

(6)支撑柱沿高度方向每 2.0m 内应设双向水平拉杆,拉杆端部应与坚固物连接。当无坚固物时,应设剪刀撑,使其能足够承受柱端水平力。

(7)门式钢管脚手架等用作模板支撑时,其搭设安装应遵守相关规范的规定。

(8)模板上的预留空洞应加盖或设防护栏杆。安装边缘部位的模板或悬挑构件的模板时,应按规定进行临边防护。

2. 普通模板拆除时的安全要求

(1)模板拆除前应向操作人员进行安全技术交底,并在作业范围设置安全警戒区和悬挂警告牌。拆除时应派专人负责警戒。

(2)模板拆除的顺序和方法,应按施工方案的规定进行。若无具体规定,应先支的后拆、后支的先拆,先拆不承重部分、后拆承重部分,自上而下的原则进行。

(3)拆除支撑柱时,应遵守下列规定:

①拆除跨度较大的梁下支撑柱时,应先从跨中开始分别向两端对称进行。

②拆除拱、薄壳、大跨度梁式结构时,其支撑柱应从结构中心均匀放松。拆除圆顶、漏斗结构时,其支撑柱应从中心按同心圆对称向周边进行。拆除带有拉杆的支撑柱时,应先调紧拉杆,在拆除过程中严禁砸动拉杆。

③当支撑柱的水平拉杆超过两层时,应先拆除两层以上的水平拉杆,最后一道水平拉杆应和支撑柱同时拆除。

(4)模板及其支撑应随拆随运。拆除的模板及其支撑等应有人接应,妥善传递,并在指定地点按规格堆放整齐。严禁随意抛掷。

(5)已拆除模板的结构,应在混凝土强度达到规定等级后,方允许承受全部设计使用荷载。

(6)当施工荷载所产生的效应大于设计使用荷载的效应时,或施工荷载的效应大于混凝土结构实际所能承受的荷载的效应时,必须经过核算,采取加设支撑等措施,并报上级技术部门审批。只有当临时支撑全部加设完成后,方准施加施工荷载。

三、大模板的安装和拆除

1. 大模板安装时的安全要求

(1)大模板安装应从内外墙角开始相互垂直的两个方向吊装就位。严禁一次同时吊装两块大模板。

(2)大模板就位后应进行校正,校正后应立即楔紧销杆或拧紧螺栓。

(3)同一道墙的两侧模板应同时组合。安装悬挂的外模时,不得碰撞内模。

(4)大模板上必须设置操作平台、上人梯道、护身栏杆等附属设施,如有损坏,应及时修补。

(5)全现浇大模板工程安装外侧模板时,必须确保三角挂架、平台板安装牢固,及时设置防护栏和安全网。

2. 大模板拆除时的安全要求

(1)大模板拆除时应先拆联结附件和对拉螺栓,然后挂好起吊绳,起吊绳收紧后方可拆除支撑。

(2)大模板起吊前应严格检查模板是否全部脱离墙体。起吊后应将大模板吊运到指定地点堆放。大模板应存放在经专门设计的存放架上,应采用两块大模板面对面存放,必须保证地面的平整坚实。当存放在施工楼层上时,应满足其自稳角度,并有可靠的防倾倒措施。

四、滑动模板的组装和拆除

1. 滑动模板组装时的安全要求

(1)滑动模板工程施工应遵守《液压滑动模板施工安全技术规程》(JGJ 65—2013)的规定。

(2)滑动模板组装前,应对各部件的材质、数量进行检查,剔除不合格部件。液压设备安装应进行试车、试压检查。

(3)滑动模板操作平台各部件的焊接质量必须经检验合格,符合设计要求。操作平台及脚手架上的铺板必须严密、防滑、固定可靠,并不得随意挪动。操作平台上的孔洞应设盖板封严。

(4)滑模施工中所使用的垂直运输设备,应有完善可靠的安全保护装置,并按规定进行试验、定期检修保养。

(5)滑动模板开始滑升前,应进行全面的安全检查。

(6)模板的滑升应在施工指挥人员的统一指挥下进行,液压操作平台应有持证人员操作。

(7)初滑阶段,必须对滑模装置和混凝土的凝结状态进行检查,发现问题及时纠正。

(8)每作业班应设专人负责检查混凝土出模强度。当出模混凝土发生流淌或局部坍塌现象时,应立即停滑并进行相应处理,处理后再继续滑升。

(9)施工指挥人员应严格按施工方案要求控制滑升速度,严禁随意超速滑升。

(10)滑升过程中操作平台应保持基本水平。严格控制结构的偏移和扭转。

(11)滑升过程中,应随时对支撑杆接头、垂直运输机械工作状态进行检查。

2. 滑动模板拆除时的安全要求

(1)滑动模板拆除前,必须编制详细的施工方案,明确拆除的内容、方法、程序、使用的机械设备、安全措施及指挥人员的职责等，并报上级部门审批后方可实施。

(2)滑动模板拆除必须组织拆除专业队，制定熟悉该项专业技术的专人负责统一指挥。参加拆除的作业人员，必须经过技术培训、考核合格后方可上岗。不能中途随意更换作业人员。拆除前应向所有操作人员进行安全技术交底。

(3)拆除中使用的垂直运输设备和机具，必须经检查合格后方准使用。

(4)滑模装置拆除前应检查各支撑点埋设件牢固情况，以及作业人员上下走道是否安全可靠。

(5)拆除作业必须在白天进行，宜分段整体拆除，在地面解体。拆除的部件及操作平台上的一切物品，均不得从高空抛下。

(6)当遇到雷雨、雾、雪或风力达到五级或以上的天气时，不得进行滑模装置的拆除作业。

五、爬升模板的组装和拆除

爬升模板组装和拆除的安全要求。

(1)爬升模板施工中使用的设备必须按照施工方案的要求配置。施工中要统一指挥，设置警戒区与通信设施，做好原始记录。

(2)每爬升一次，均应全数检查一次穿墙螺栓的坚固程度。爬升前必须拆尽模板之间的连接件，爬升完毕后及时重新安装好连接件。

(3)拆除时应随拆随运，严禁抛掷。严禁操作人员站在被拆除的分块模板上。在拆除高耸构筑物爬模时，应设牢固可靠的安全围栏。

(4)安装、爬升和拆除过程中，不得进行交叉作业。每个单元的爬升，应在一个工作台班内完成，不宜中途交接班，不得任意中断作业，不允许爬升模板在不安全状态下过夜。

(5)脚手架上不应堆放任何材料。如临时堆放少量材料或机具，必须及时取走，且不得超过设计荷载的规定。

六、飞模的安装和拆除

1. 飞模安装时的安全要求

(1)飞模应按弹好的位置线吊装就位，就为后应立即将飞模与建筑物进行可靠拉结，且使模板面与模架固定牢固。

(2)飞模就位并作好拉结后应进行调平，调平时各支点应同时进行。飞模外侧应设置防护栏杆，挂安全网，同时设置楼层临时防护。

(3)飞模外推时，必须挂好安全绳，有专人掌握。安全绳要慢慢放松，其一端要固定在建筑物的可靠部位上。

(4)飞模每使用一次后，应对连接螺栓逐个进行检查，若有松动应立即拧紧。

(5)起重吊钩与飞模吊环之间，必须采用卡环连接，且每次只允许吊运一个飞模。

(6)应在操作人员全部撤离飞模位置后，方可起吊飞模。并应在作业区的下方地面区域内设置警戒标志或信号。

2. 飞模拆除时的安全要求

(1)飞模拆除、转运、翻层，应设专人统一指挥，并应由经过培训的专业小组承担。

(2)拆除前应在飞模尾部捆绑安全绳，安全绳应系于坚固的建筑结构上，随飞模向外移动而徐徐放松。

(3)拆除前应将飞模的重心位置标志在飞模侧面的明显位置上。飞模落下或向外移动时，应严格控制飞模的重心不得超过外沿第一滚轮。

七、模板工程的排险加固

模板工程排险加固的安全要求

(1)模板安装好后，应仔细检查各个部件是否牢固，并在混凝土浇筑过程中指派专人进行巡查，如发现模板有变形、松动时，应及时采取措施进行修正或加固。

(2)在混凝土浇筑过程中，若模板结构的整体稳定发生危险时，应立即停止混凝土浇筑，及时将操作人员和设备转移至安全地带，并应立即进行抢修加固，待危险排除后方准继续作业。

第二节　高处作业施工

一、高处作业的一般规定

(1)安全技术措施及其所用料具，必须列入工程的施工组织设计；单位工程的施工负责人应对工程的高处作业安全技术负责并建立相应的安全责任制。施工前，应逐级进行安全技术教育及交底，落实所有的安全技术措施和人身防护用品，未经落实不得进行施工。

(2)施工现场所有高处作业，都必须按有关规定设置相应的安全防护设施。

(3)施工作业场所有坠落可能的物料，应予以清除或加以固定。

(4)施工用具拆除后，临时堆放处离楼层边沿不应小于 1m，堆放高度不得超过 1m。楼层边口、通道口、脚手架边缘等处，严禁堆放任何拆下物件。

(5)高处作业安全设施的主要受力杆件，应按现行国家标准计算其强度和挠度，构造亦应符合有关规范要求。

二、临边和洞口作业

1. 施工现场临边作业的安全要求

(1)所有高处的临边，都必须设置临时防护栏杆。

(2)当临边的一侧面临街道时，除设置防护栏杆外，敞口立面还必须采取满挂安全网或其他可靠措施作全封闭处理。

(3)各种垂直提升装置的通道及进出口，除搭设防护栏杆，还必须设置安全门或活动栏杆。

2. 施工现场洞口作业的安全要求

(1)所有洞口都必须用盖板盖住或设置临时防护栏杆(门)。

(2)平面洞口应采用盖板盖设或用钢筋做成防护网，盖板必须四周搁置平稳并采取固定措施。无法设盖板时必须装设临时防护栏杆，洞口下方张设安全网。

(3)竖向洞口应装设临时防护门或防护栏杆。

(4)设于车辆行驶道路旁的洞、坑、沟、槽上的盖板，必须能承受不小于当地额定卡车后轮有效承载力 2 倍的荷载。

(5)施工现场通道附近的各类洞口与坑槽等处，除设置防护设施与安全标志外，夜间还应设红灯示警。

(6)电梯井口必须设置定型工具化的防护门，电梯井内每隔两层且最多不超过 10m 设置一道安全网。

3. 临时防护栏杆的构造形式及连接，应符合如下安全要求

(1)临时防护栏杆应由上、下两道横杆及栏杆立柱组成，上杆离地高度为 1.0～1.2m，下杆高度应为 0.5～0.6m。坡度大于 1：2.2 的屋面，防护栏杆应高于 1.5m，并加挂安全网。除经设计计算外，栏杆立柱间距应不大于 2m。

(2)防护栏杆立柱的固定及与横杆的连接要牢固，其整体构造应使防护栏杆在上杆任何处，能经受任何方向 1000N 的外力。

(3)防护栏杆必须自上而下用安全立网封闭，或在栏杆下边设置严密、固定、不低于 180mm 的挡脚板。挡脚板下边距离底面的空隙不应大于 10mm。

三、攀登与悬空作业

1. 攀登与悬空作业的一般安全要求

(1)在施工组织设计中应确定用于现场作业的登高和攀登设施。从事攀登与悬空作业的人员，必须经过专业技术培训及专业考试合格，并应定期进行体格检查。除应按规定配齐安全防护设备外，还应视具体情况配置相应的安全防护设施。

(2)悬空作业处应设立牢靠的立足点，并必须视具体情况，配置防护栏网、栏杆或其他安全设施。

2. 攀登作业的安全要求

(1)现场登高应借助建筑结构或脚手架上的上下通道等登高设施，也可采用载人的垂直运输设备或梯子等设施。

(2)使用梯子时梯脚底部应坚实，不得有缺档，不得垫高使用，如确需接长使用，必须有可靠的连接措施，且接头不得超过 1 处。移动式梯子应注意防滑。

(3)任何登高用具，其构造必须牢固可靠，供人上、下的踏板其使用荷载不应大于 1100N，否则应进行验算。

3. 悬空作业的安全要求

(1)悬空作业必须有牢靠的立足点。悬空作业所用的索具、脚手板、吊篮、吊笼、平台等设备,均需经过技术鉴定或检证方可使用。

(2)在作业扶手、脚手架等设施没有架设好的情况下从事悬空作业,应佩戴好安全带,安全带应悬挂在牢靠处。

(3)凡能在地面组装的构件,应尽量在地面完成组装,并应同时搭设悬空作业用的安全防护设施。

4. 构件吊装和管道安装悬空作业时的安全要求

(1)钢结构的吊装,构件应尽可能在地面组装,并应搭设进行临时固定、电焊、高强螺栓连接等工序的高空安全设施,随构件同时上吊就位。拆卸时的安全措施,亦应一并考虑和落实。高空吊装预应力钢筋混凝土屋架、桁架等大型构件前,也应搭设悬空作业中所需的安全设施。

(2)悬空安装大模板、吊装第一块预制构件、吊装单独的大中型预制构件时,必须站在操作平台上操作。吊装中的大模板和预制构件上,严禁站人和行走。

(3)安装管道时必须有已完结构或操作平台为立足点,严禁在安装中的管道上站立和行走。

5. 模板支撑和拆卸悬空作业时的安全要求

(1)支模应按规定的作业程序进行,模板固定前不得进行下一道工序。严禁在连接件和支撑件上攀登上下,并严禁在上下同一垂直面上装、拆模板。结构复杂的模板,装、拆应严格按照施工组织设计的措施进行。

(2)支设高度在 3m 以上的柱模板,四周应设斜撑,并应设立操作平台。低于 3m 的可使用马凳操作。

(3)支设悬挑形式的模板时,应有稳固的立足点。支设临空构筑物模板时,应搭设支架或脚手架。模板上有预留洞时,应在安装后将洞盖设。混凝土板上拆模后形式的临边或洞口,应按规定进行防护。

拆模高处作业,应配置登高用具或搭设支架。

四、交叉作业

(1)进行上、下交叉作业时,不得在同一垂直方向上操作,下层作业人员的位置必须在上层高度确定的可能坠落范围之外,否则应设置安全防护层。

(2)钢模板、脚手架等拆除时,其下方严禁有其他作业人员。

(3)钢模板构件拆除后,临时堆放于离楼层边沿不应小于 1m,堆放高度不得超过 1m。楼层边口、通道口、脚手架边缘等处,严禁堆放任何拆下物件。

(4)结构施工自二层起,凡人员进出的通道口,必须搭设可靠的安全防护棚。

(5)由于上方施工可能坠落物件或处于起重机大臂回转范围内的通道,在其受影响的范围内,必须搭设顶部能防止穿透的双层防护廊。

第三节 脚手架工程

一、一般规定

1. 脚手架工程施工前的主要安全工作

(1)脚手架施工前,应根据工程的特点和施工工艺,编制施工方案,选择适用、合理的构架形式、尺寸、附墙结构以及卸荷和局部加强措施,确保构架稳定、承载可靠和使用安全。

(2)脚手架的设置有以下情况之一者,必须进行设计计算或进行 1∶1 实架段的荷载检验,验算或检验合格后,方可进行搭设和使用。

①小于 20m,且相应脚手架安全技术规范没有给出不必计算的构架尺寸规定。

②实际使用的施工荷载值大于有关规范规定。

③全部或局部脚手架的形式、尺寸、荷载或受力状态有显著变化。

④采用挑、吊、挂方式设置的脚手架、附着式升降脚手架。

⑤尚未制定规范的新型脚手架和其他无可靠安全依据搭设的脚手架。

(3)脚手架的安全防护设施,兜网,搭设高度等要符合有关规定。

2. 脚手架必须按安全规定设置安全防护设施

(1)脚手架作业层外侧边缘必须设置双道防护栏杆(上栏杆上皮高度应为 1.2m),并设置高度不小于 180mm 的挡脚板。

(2)脚手架的斜道、爬梯两侧及平台外围,均应设置防护栏杆及挡脚板。

(3)脚手架外立杆内侧,应采用密目式安全网全封闭。

(4)单、双排脚手架首层必须设置兜网,每隔 10m 增设一层兜网,操作层脚手板下再设一层兜网。双排脚手架,里立杆与墙体间应在双排架间兜网位置处设置脚手板或设兜网封严。

3. 落地式脚手架的搭设高度的限值

扣件式单排架不宜超过 24m,扣件式双排架不宜超过 50m;门式钢管脚手架施工荷载标准值为 3.0～5.0kN/m^2 时,不宜超过 45m,施工荷载标准值不超过 3.0kN/m^2时,不宜超过 60m。

4. 搭设超过规定高度的脚手架时可采取的安全措施

(1)在脚手架下部采用双立杆,双立杆的设置高度应根据计算确定。

(2)采用部分卸载或分段全部卸载措施。

(3)采用挑、挂、吊脚手架或附着式升降脚手架。

5. 单排脚手架不适用的条件

墙体厚度小于或等于 180mm;建筑物高度超过 24m;空斗砖墙、加气块墙等轻质墙体;砌筑砂浆强度等级小于或等于 M1.0 的砖墙。

6. 脚手架工程施工的其他安全要求

(1)人员上下脚手架必须走设有安全防护设施的通(梯)道,严禁攀爬脚手架上下。

(2)作业中发现异常和危险情况时,应停止作业,立即撤离架上人员,进行检查。

(3)脚手架与架空线路的距离必须符合规定或设置可靠的防护设施。

(4)脚手架使用中,要按照施工方案及设计计算书的要求严格控制荷载,放置材料应均匀,不得集中堆放。

(5)脚手架搭拆必须设置禁区及明显标志,派专人监护及统一指挥。

二、脚手架的材料

(1)脚手架钢管的尺寸和表面质量应符合《建筑施工扣件式钢管脚手架安全技术规范》(JGJ 130)的规定。钢管必须涂有防锈漆。钢管上严禁打孔。

(2)可锻铸铁扣件应与钢管管径相配合,并符合《钢管脚手架扣件》(GB 15831)的规定。采用其他材料制作的扣件,应经试验证明其质量符合该标准的规定后方可使用。严禁使用加工不合格、锈蚀和有裂纹的扣件。脚手架采用的扣件,在螺栓拧紧力达 65N·m 时,不得发生破坏。

(3)脚手板可采用钢、木、竹材料制作,每块质量不宜大于 30kg。冲压钢脚手板材质应符合 Q235—A 级钢的规定,并应有防滑措施;木脚手板应采用杉木或松木制作,其材质有关规范要求,厚度不应小于 50mm,两端应各设直径为 4mm 的镀锌钢丝箍两道;竹脚手板宜采用由毛竹或楠竹制作的竹串片板、竹笆板。

(4)底座:铸铁底座应符合《钢管脚手架扣件》(GB 15831—2006)中的有关规定,底座外径 150mm;焊接底座尺寸为 150mm×150mm,厚度不低于 8mm。

(5)当出于确保脚手架的构架安全需要而采用其他脚手架杆件或材料作为加强杆件和辅助杆件时,不得取代原脚手架基本构架杆件,且必须以可靠的连接方式与其连接。

三、脚手架的设计计算

1. 脚手架设计计算的主要内容

(1)作用于脚手架上的荷载。

(2)脚手架构架的计算。

(3)扣件式钢管脚手架的设计计算。

(4)建筑施工门式钢管脚手架的设计计算。

(5)脚手架符合有关规范、标准中规定的构造尺寸或条件时,相应结构、构配件可不进行计算或验算。

2. 作用于脚手架上的荷载划分

作用于脚手架上的荷载分为永久荷载(恒载)及可变荷载(活载)。永久荷载应包括脚手架结构自重及其构配件自重;可变荷载应包括施工荷载及风荷载。

3. 脚手架构架应计算(验算)的安全项目

(1)构架的整体稳定性计算。

(2)单肢立杆的稳定性计算。当单肢立杆稳定性计算已包括在整体稳定形计算中且立杆未显著超出构架的计算长度和使用荷载时,可略去此项计算。

(3)水平杆件的抗弯强度和挠度计算。

(4)连墙件的强度和稳定验算。

(5)抗倾覆验算。

(6)悬挂件、挑支撑构件的验算,根据其受力状态确定验算项目,并按相应国家规范进行验算。

(7)地基、基础和其他支撑结构的验算。

4. 扣件式钢管脚手架的安全设计计算

(1)纵向、横向水平杆等受弯构件的强度和连接扣件的抗滑承载力计算。

(2)立杆的稳定性计算。

(3)连墙件的强度、稳定性和连接强度的计算。

(4)立杆地基承载力计算。

5. 建筑施工门式钢管脚手架的安全设计计算

一般包括脚手架稳定或搭设高度计算以及连墙件的计算。必要时进行地基基础承载力计算。

6. 建筑施工附着升降脚手架各组成部分的安全计算简图及计算

建筑施工附着升降脚手架的各组成部分应按其结构形式、工作状态和受力情况,分别确定在使用、升降和坠落三种不同状况下的计算简图,并按最不利情况进行计算和验算。必要时应通过整体模型试验验证脚手架架体结构的设计承载能力。

四、扣件式钢管脚手架搭设、使用和拆除

1. 扣件式钢管脚手架施工前的安全工作

(1)编制施工方案并经上级有关部门审核审批。

(2)工程技术负责人向作业人员进行书面安全技术交底并履行签字手续。

(3)对现场的钢管、扣件、脚手板等构配件进行检查验收,不合格产品不得使用。经检验合格的构配件应按品种、规格分类,堆放整齐、平稳。

(4)搭设场地应平整、夯实,并设置排水设施,保证排水畅通。

(5)当脚手架基础下有设备基础、管沟时,在脚手架使用过程中不应开挖,否则必须采取加固措施。

2. 脚手架地基处理的安全做法

脚手架地基与基础施工,必须根据脚手架搭设高度、场地土质情况与有关规范的规定进行。脚手架底座底面标高宜高于自然地坪 50mm。

(1)搭设高度在 24m 以下时,可素土夯实找平,上面铺 5cm 厚木板,长度为 2m

时垂直于墙面放置；长度大于 3m 时平行于墙面放置。

(2)搭设高度在 24～50m 时，应根据现场地耐力情况设计基础作法或采用回填土分层夯实达到要求时，可用枕木支垫，或在地基上加铺 20cm 厚道碴，其上铺设混凝土板，再仰铺 12～16 号槽钢。

(3)搭设高度超过 50m 时，应进行计算并根据地耐力设计基础作法，或于地面下 1m 深处采用灰土地基，或浇注 50cm 厚混凝土基础，其上采用枕木支垫。

3. 脚手架立杆底部施工的安全要求

脚手架立杆底部应加设底座和垫板，垫板宜采用长度不少于 2 跨、厚度不小于 50mm 的木垫板，也可采用槽钢。底座、垫板均应准确地放在定位线上。

脚手架必须配合施工进度搭设，一次搭设高度不应超过相邻连墙件以上两步。每搭设完一步脚手架后，应按规定矫正步距、纵距、横距及立杆的垂直度。

4. 立杆搭设的安全要求

(1)严禁将外径 48mm 与 51mm 的钢管混合使用。

(2)立杆接长除顶层顶步可采用搭接外，其余各层各步接头必须采用对接扣件连接。立杆上的对接扣件应交错布置，两根相邻立杆的接头不应设置在同步内，同步内隔一根立杆的两个相邻接头在高度方向错开的距离不宜小于 500mm；各接头中心至主节点的距离不宜大于步距的 1/3；搭接长度不应小于 1m，应采用不少于 2 个旋转扣件固定，端部扣件盖板的边缘至杆端距离不应小于 100mm。

(3)开始搭设立杆时，应每隔 6 跨设置一根抛撑，直至连墙件安装稳定后，方可根据情况拆除。

(4)当搭至有连墙件的构造点时，在搭设完该处的立杆、纵向水平杆、横向水平杆后，应立即设置连墙件。

(5)立杆顶端宜高出女儿墙上皮 1m，高出檐口上皮 1.5m。

(6)必须按规定设置纵横向扫地杆。

5. 纵向水平杆搭设的安全要求

(1)纵向水平杆宜设置在立杆内侧，其长度不宜小于 3 跨。

(2)纵向水平杆接长宜采用对接扣件连接，也可采用搭接。纵向水平杆的对接扣件应交错布置：两根相邻纵向水平杆的接头不宜设置在同步或同跨内；不同步或不同跨两个相邻接头在水平方向错开的距离不应小于 50mm；各接头中心至最近主节点的距离不宜大于纵距的 1/3。搭接长度不应小于 1m，应等间距设置 3 个旋转扣件固定，端部扣件盖板边缘至搭接纵向水平杆端头的距离不应小于 100mm。

(3)当使用冲压钢脚手板、木脚手板、竹片脚手板时，纵向水平杆应作为横向水平杆的支座，用直角扣件固定在立杆上。

(4)在封闭型脚手架的同一步中，纵向水平杆应四周交圈，用直角扣件与内外角部立杆固定。

6. 横向水平杆搭设的安全要求

(1)主节点处必须设置一根横向水平杆,用直角扣件扣接且严禁拆除。

(2)作业层上非主节点处的横向水平杆,宜根据支撑脚手板的需要等间距设置,最大间距不应大于纵距的 1/2。

(3)当时用冲压钢脚手板、木脚手板、竹片脚手板时,双排脚手架的横向水平杆两端均应采用直角扣件固定在纵向水平杆上。单排脚手架的横向水平杆的一端,应采用直角扣件固定在纵向水平杆上,另一端应插入墙内,插入长度不应小于 180mm。

(4)双排脚手架横向水平杆的靠墙一端至墙装饰面的距离不宜大于 100mm。靠墙一端的外伸长度不应大于 0.4 倍的立杆横距且不应大于 500mm。

7. 连墙件搭设的安全要求

(1)连墙件数量设置应满足设计要求,且不超过有关规范规定的最大允许值。

(2)宜靠近主节点设置,偏离主节点的距离不应大于 300mm。

(3)应从底层第一步纵向水平杆处开始设置,当该处设置有困难时,应采用其他可靠措施固定。

(4)一字型、开口型脚手架的两端必须设置连墙件,连墙件的垂直间距不应大于建筑物的层高,并不应大于 4m(2 步)。

(5)高度 24m 以上的双排脚手架,必须采用刚性连墙件与建筑物可靠连接。高度 24m 以下的单、双排脚手架,宜采用刚性连墙件与建筑物可靠连接,亦可采用拉筋和顶撑配合使用的附墙连接方式,严禁使用仅有拉筋的柔性连墙件。

(6)连墙件必须采用可承受拉力和压力的构造。连墙件或拉筋宜成水平设置,当不能水平设置时,与脚手架连接的一端应下斜连接,不应采用上斜连接。

(7)双排脚手架,连墙件必须同时拉住里、外立杆。

(8)当脚手架施工操作层高出连墙件二步时,应采取临时稳定措施,直到上一层连墙件搭设完后方可根据情况拆除。

8. 剪刀撑与横向斜撑搭设的安全要求

(1)每道剪刀撑宽度不应小于 4 跨,且不应大于 6 跨,斜杆与地面的倾角宜在 45°～60°之间。

(2)高度在 24m 以下的单、双排脚手架,均必须在外侧立面的两端各设置一道剪刀撑,并应由底至顶连续设置;高度在 24m 以上的双排脚手架应在外侧立面整个长度和高度上连续设置剪刀撑。

(3)剪刀撑斜杆的接长应采用搭接。采用双杆的可以对接,但两杆接头必须错开 2m 以上。

(4)剪刀撑斜杆应用旋转扣件固定在与之相交的横向水平杆的伸出端或立杆上,旋转扣件中心线至主节点的距离不宜大于 150mm。斜杆除两端扣紧外,在中间应增加 2～4 个扣结点,最下面斜杆端头与立杆的接点距离不大于 500mm。

(5)一字型、开口型双排脚手架的两端均必须设置横向斜撑。高度在 24m 以下的封闭型双排脚手架可不设横向斜撑。高度在24m以上的封闭型脚手架，除拐角应设置横向斜撑外，中间应每隔6跨设置一道。

(6)剪刀撑、横向斜撑搭设应随立杆、纵向和横向水平杆等同步搭设。

9. 脚手板的铺设的安全要求

(1)脚手板应铺满、铺稳，离开墙面120～150mm。

(2)冲压钢脚手板、木脚手板、竹片脚手板等，应设置在三根横向水平杆上。当脚手板长度小于2m时，可采用两根横向水平杆支撑，但应将脚手板两端与其可靠固定，以防倾翻。脚手板采用对接平铺时，接头处必须设两根横向水平杆，脚手板外伸长应取130～150mm，两块脚手板外伸长度的和不应大于300mm；脚手板搭接铺设时，接头必须支在横向水平杆上，搭接长度应大于200mm，其伸出横向水平杆的长度不应小于100mm。

(3)在拐角、斜道平台口处的脚手板，应与横向水平杆可靠连接，防止滑动。

(4)自顶层作业层的脚手板往下计，宜每隔12m满铺一层脚手板。

10. 扣件安装的安全要求

(1)扣件规格必须与钢管外径相同。

(2)螺栓拧紧力矩不应小于40N·m，且不应大于65N·m。

(3)在主节点处固定横向水平杆、纵向水平杆、剪刀撑、横向斜撑等用的直角扣件、旋转扣件的中心点的相互距离不应大于150mm。

(4)对接扣件开口应朝上或朝内。

(5)各杆件端头伸出扣件盖板边缘的长度不应小于100mm。

11. 脚手架拆除的安全要求

(1)拆除作业必须由上而下逐层进行，严禁上下同时作业。

(2)连墙件必须随脚手架柱层拆除，严禁先将连墙件整层或数层拆除后再拆脚手架；分段拆除高差不应大于两步，如高差大于两步，应增设连墙件加固。

(3)当脚手架拆到下部最后一根长立杆的高度时，应先在适当位置搭设临时抛撑加固后，再拆除连墙件。

(4)当脚手架分段、分立面拆除时，对不拆除的脚手架应按规范规定设置连墙件和横向抛撑加固。

(5)各构配件严禁抛掷至地面。

12. 脚手架及其地基基础在遇下列情况时应验收合格后方可投入使用或继续使用

(1)基础完工后及脚手架搭设前。

(2)作业层施加荷载前。

(3)每搭设完10～13m高度后。

(4)达到设计高度后。

(5)遇到六极大风与大雨后；寒冷地区开冻后。

(6)停用超过一个月。

13. 脚手架使用中的安全要求

(1)脚手架使用中,应定期对规定的项目进行检查。

(2)作业层上施工荷载应符合设计要求,不得超载。不得将模板支架、缆风绳、泵送混凝土和砂浆的输送管等固定在脚手架上;严禁悬挂起重设备。

(3)在脚手架使用期间,严禁拆除主节点处的纵、横向水平杆,纵、横向扫地杆和连墙件。

(4)六级及以上大风和雨、雪、雾天应停止脚手架的搭设、拆除及施工作业。

五、门式钢管脚手架的搭设、使用和拆除

1. 门式钢管脚手架搭设前的安全准备工作

(1)门式钢管脚手架搭设前,应由工程技术负责人向搭设人员进行安全技术交底。对门架、配件、加固件等进行检查验收,严禁使用不合格的门架、配件。

(2)对搭设场地进行清理、平整,并做好排水。根据地基基础的土质情况进行处理,设置门架立杆的垫板、底座。

2. 搭设门架时的安全要求

(1)交叉支撑、水平架、脚手板、连接棒和锁臂的设置应符合规范要求。

(2)不配套的门架与配件不得混合使用于同一脚手架。

(3)门架安装应自一端向另一端延伸,并逐层改变搭设方向,不得相对进行。搭设完一步后,应检查并调整水平度与垂直度。

(4)交叉支撑、水平架或脚手板应紧随门架的安装及时设置。

(5)连接门架与配件的锁臂、搭钩必须处于锁住状态。

(6)水平架或脚手板应在同一步内连续设置,脚手板应铺满。

(7)底层钢梯的底部应加设钢管并用扣件扣紧在门架的立杆上,钢梯两侧均应设置扶手,每段梯可跨越两步或本步门架再行转折。

(8)栏板(杆)、挡脚板应设置在脚手架操作层外侧、门架立杆内侧。

3. 加固件搭设的安全要求

(1)剪刀撑设置:脚手架高度超过 20m 时,应在脚手架外侧连续设置;剪刀撑斜杆与地面倾角宜为 45°～60°,剪刀撑宽度宜为 4～8m;剪刀撑应采用扣件与门架立杆扣紧;剪刀撑斜杆若采用搭接接长,搭接长度不宜小于 600mm,搭接处应采用两个扣件扣紧。

(2)水平加固杆设置:当脚手架高度超过 20m 时,应在脚手架外侧每隔四步设置一道,并宜在有连墙件的水平层设置;纵向水平加固杆应连续,并形成水平闭合圈;在脚手架底步门架下端应加封口杆,门架内、外两侧设通长扫地杆;水平加固杆应采用扣件与门架立杆扣牢。

(3)加固杆、剪刀撑必须与脚手架同步搭设。

(4)水平加固杆应设于门架立杆内侧，剪刀撑应设于门架外侧并连牢。

4. 连墙件搭设的安全要求

(1)脚手架必须采用连墙件与建筑物可靠连接。连墙件的设置除必须满足设计要求外，还应满足规范规定的最大间距。

(2)在脚手架的转角处、不闭合的脚手架两端应增设连墙件，其竖向间距不应大于4m。

(3)在脚手架外侧因设置防护棚或安全网而承受偏心荷载的部位，应增设连墙件，其水平间距不应大于4m。

(4)连墙件应能承受拉力与压力，其承载力标准值不应小于10kN；连墙件与门架、建筑物的连接也应具有相应的连接强度。

(5)连墙件的搭设必须与脚手架搭设同步进行，严禁滞后设置或搭设完毕后补做。

(6)当脚手架操作层高出相邻连墙件以上两步时，应采用确保脚手架稳定的临时拉结措施，直到连墙件搭设完毕方可拆除。

(7)连墙件宜垂直于墙面，不得向上倾斜，连墙件埋入墙身的部分必须锚固可靠。

(8)连墙件应连于上、下两榀门架的接头附近。

5. 脚手架使用中的安全注意事项

(1)脚手架应沿建筑物周围连续、同步搭接升高，在建筑物周围形成封闭结构。如不能封闭，应在脚手架两端增设连墙件。

(2)作业层上施工荷载应符合设计要求，不得超载。不得在脚手架上集中堆放模板、钢筋等物件。严禁在脚手架上拉缆风绳或固定、架设混凝土泵、泵管及起重设备等。

(3)施工期间不得拆除下列杆件：交叉支撑；水平架；连墙件；加固杆件；栏杆。

(4)脚手架搭设完毕或分段搭设完毕，应按规定进行检查验收，合格后方可交付使用。高度在20m以下的脚手架，应由单位工程技术负责人组织技术安全人员进行检查验收；高度大于20m的脚手架，应由上一级技术负责人随工程进行分段组织单位工程负责人及有关的技术人员进行检查验收。

6. 脚手架拆除时的安全注意事项

(1)拆除脚手架时，应清除脚手架上的材料、工具和杂物。应设置警戒区和警戒标志，并由专人负责警戒。

(2)脚手架拆除应在统一指挥下，按后搭先拆、先搭后拆的顺序及下列安全作业的要求进行：

①脚手架的拆除应从一端走向另一端、自上而下逐层进行。

②同一层的构配件和加固件应先上后下、先外后里的顺序进行，最后拆除连墙件。

③拆除过程中，脚手架的自由悬臂高度不得超过两步，否则应加设临时拉结。

④连墙件、通长水平杆和剪刀撑等，必须在脚手架拆卸到相关的门架时方可拆除。

⑤拆除的构配件，应成捆由机械吊运或由井架传送至地面，严禁抛掷。

(3)六级以上大风和雨、雪、雾天应停止脚手架的搭设、拆除及施工作业。

六、附着式升降脚手架搭设、使用与拆除

1. 附着式升降脚手架使用前的安全要求

(1)附着式升降脚手架的施工单位必须取得相应的专业承包资质，并到当地建设行政主管部门办理相应的审查手续。

(2)附着式升降脚手架必须经过国务院建设行政主管部门组织鉴定或者委托具有资格的单位进行认证后才能使用。

(3)附着式升降脚手架使用前必须到当地建设行政主管部门备案，并随时接受当地建设行政主管部门的指导和监督。

(4)使用前，应根据工程结构特点、施工环境、条件及施工要求编制附着式升降脚手架专项施工组织设计，并根据规定办理使用审批手续。

(5)附着式升降脚手架在每次升降以及拆卸前应根据专项施工组织设计要求对施工人员进行安全技术交底。

(6)整体式附着式升降脚手架的控制中心应设专人负责操作，禁止其他人员操作。

(7)附着式升降脚手架在首层组装前应设置安装平台，应有保障施工人员安全的防护措施，水平精度和承载能力应满足架体安装的要求。

(8)附着式升降脚手架升降到位、架体固定办理交付使用手续前，以及附着式升降脚手架停用超过一个月或遇六级以上大风后复工时，必须按照规定的项目进行检查。

2. 附着式升降脚手架安装的安全要求

(1)水平梁架及竖向主框架在两面相邻附着式支撑结构处的高差不应大于 20mm。

(2)竖向主框架和防倾导向装置的垂直偏差应不大于 0.5‰和 60mm。

(3)预留穿墙螺栓和预埋件应垂直于工程结构表面，其中心误差应小于 15mm。

(4)附着式升降脚手架组装完毕，必须进行规定的检查验收，合格后方可进行升降操作。使用过程中应每月进行一次全面检查，不合格部位应立即改正。

(5)附着式升降脚手架升降操作必须遵守《建筑施工附着式升降脚手架管理暂行规定》要求。

(6)附着式升降脚手架的使用必须遵守其设计性能指标，不得随意扩大适用范围；架体上的施工荷载必须符合设计规定，严禁超载，严禁放置影响局部杆件安全的集中荷载，并应及时清理架体、设备及其他构配件上的建筑垃圾和杂物。

3. 附着式升降脚手架使用时严禁进行的不安全作业

(1)利用架体吊运物料。

(2)在架体上安装吊装缆绳(索)。

(3)在架体上推车。

(4)任意拆除结构构件或松动连接件。

(5)拆除或移动架体上的安全防护设施。

(6)起吊物料碰撞或扯动架体。

(7)利用架体支顶模板。

(8)使用中的物料平台与架体仍连接在一起。

(9)其他影响架体安全的作业。

4. 附着式升降脚手架在使用过程中停用、维护和恶劣天气时的注意事项

(1)当附着式升降脚手架预计停用超过一个月时,停用前应采取加固措施。

(2)螺栓连接件、升降动力设备、防倾装置、电控设备等应至少每月维护保养一次。

(3)附着式升降脚手架的拆卸工作必须按专项施工组织设计及安全操作规程的有关规定进行。拆除前应对施工人员进行安全技术交底,拆除时应有可靠的防止人员与物料坠落的措施,严禁抛掷物料。

(4)遇五级(含)以上大风和大雨、大雪、浓雾和雷雨等恶劣天气时,禁止进行升降和拆卸作业,并应预先对架体采取加固措施。夜间禁止进行升降作业。

七、其他类型脚手架的搭设、使用

1. 悬挑脚手架搭设、使用的安全要求

(1)单层悬挑的脚手架的斜立杆必须与建筑结构可靠连接,不得将斜立杆连接在模板立柱上。悬挑杆按不大于 1.5m 间距沿楼层均匀布置,里端必须与建筑物牢固固定,并用大横杆连成整体。悬挑杆在搭设立杆的部位必须设置斜支撑(双排脚手架,必须在里、外立杆的底部分别设置里、外斜支撑)和水平大横杆,立杆扣结在悬挑杆上。斜撑杆的下端必须支撑在下层的边梁或其他可靠的支托物上,上端与悬挑杆扣结牢固。大横杆的步距不大于 1.5m。小横杆、剪刀撑、拉结点的设置要求同落地式脚手架。

(2)多层悬挑的脚手架,必须进行设计计算,内容包括:悬挑梁或悬挑架的选材及搭设方法,悬挑梁的强度刚度、抗倾覆验算,与建筑结构的连接做法及要求,上部脚手架立杆与悬挑梁的连接等。悬挑脚手架施工荷载一般可按装饰架 $2kN/m^2$ 计算。悬挑架的节点应该采用焊接或螺栓连接,不得采用扣件连接做法。脚手架立杆应采取固定措施,确保底部不发生位移。多层悬挑搭设高度不超过 25m。脚手架立杆、大横杆间距均不得大于 1.5m,小横杆、剪刀撑、拉结点的设置要求同落地式脚手架。

(3)操作层及架体防护要求同落地式脚手架，但底部必须用脚手板等硬质材料封闭严密。

(4)悬挑架是不准存放大量材料、过重的设备，施工人员作业时，尽量分散脚手架的荷载，严禁利用脚手架穿滑车做垂直运输。

2. 挂脚手架搭设、使用的安全要求

(1)预埋钢筋环或穿墙螺栓必须具有足够强度。挂脚手架进场后要进行检查验收，使用前应按 2kN/m^{2}均布荷载试压不少于 4 小时，对悬挂点及挂架的焊接情况进行检查确认。

(2)挂脚手架间距不得大于 2m，施工荷载为 1kN/m^2，不能超载使用。每跨作业人员不得超过 2 人，不得存料过多，避免荷载集中。

(3)挂脚手架外侧应设置双道防护栏杆、挡脚板，并用密目网封闭。脚手板底部应设置兜网。

(4)挂脚手架的安装与拆除人员必须经过专门培训。作业人员必须系安全带。

3. 吊篮脚手架搭设、使用的安全要求

(1)吊篮脚手架的设计制作应符合有关规定要求，并经企业技术负责人审核批准。使用厂家生产的产品时，应有产品合格证书及安装、使用、维护说明书等有关资料。

(2)悬挑梁挑出长度应使吊篮钢丝绳垂直地面，并在挑梁两端分别用纵向水平杆将挑梁连接成整体。挑梁必须与建筑结构连接牢靠；当采用压重时，应确认配重的质量，并采取固定措施，防止配重发生位移。

(3)吊篮平台可采用焊接或螺栓连接，不允许使用钢管扣件连接方法组装。吊篮平台组装后，应经 2 倍的均布额定荷载试压不少于 4 小时确认，并标明允许载重量。

(4)吊篮提升机应符合规定要求。提升机应有产品合格证及说明书，在投入使用前应逐台进行检验，并按批量做荷载试验。

(5)吊篮脚手架必须具备保险卡、安全锁、保险绳、行程限位器、制动器等安全装置。钢丝绳与悬挑梁连接应有防止钢丝绳受剪的措施。钢丝绳与吊篮平台连接应使用卡环。吊篮内作业人员应系安全带，安全带不应系挂在提升钢丝绳上。

(6)吊篮升降作业应有经过培训的专门人员负责，并相对固定。吊篮升降作业时，非升降操作人员不得停留在吊篮内；吊篮升降到位固定前，其他作业人员不准进入吊篮内。

(7)单片吊篮升降(不多于两个吊点)时，可采用手动葫芦，两人协调动作防止倾斜；当多片吊篮同时升降(吊点在两个以上)时，必须采用电动葫芦，并有控制同步升降的装置。

(8)吊篮在建筑物上滑动时，应设护墙轮。升降过程中不得碰撞建筑物。升降到位后吊篮必须与建筑物拉牢固定。

(9)吊篮脚手架外侧应按规定设置双道防护栏杆、挡脚板,并用密目网封闭。当单片吊篮提升时,吊篮两端也应加设防护栏杆并用密目网封闭。

(10)当有多层吊篮同时作业,或建筑物各层作业有落物危险时,吊篮顶部应设置防护顶板,其材料采用5cm厚木板或相当于5cm厚木板强度的其他材料。

(11)作业过程中必须保持吊篮脚手架的架体稳定。吊篮与建筑物水平距离不应大于20cm。当吊篮晃动时,应及时采取固定措施,人员不得在晃动中继续工作。吊篮钢丝绳在升降过程中或定位状态下,均必须与地面垂直,不准斜拉。

(12)吊篮在现场安装后,应进行空载安全运行试验,并对安全装置的灵敏可靠性进行检验。每次吊篮提升或下降到位固定后,应进行验收确认符合要求时,方可上人作业。

第四章　施工机具操作及与商品混凝土相关的安全知识

第一节　起 重 机 械

一、一般规定

(1)施工现场起重机械设备的安装(包括在施工现场顶升、锚固、拆卸等,以下同),必须由具备建设行政主管部门颁发的起重设备安装工程专业承包资质证书的安装单位进行,安装单位应当按照有关规定以及起重机械设备安全技术规范的要求进行安装作业,并对其安装质量负责。

(2)施工现场起重机械设备的安装前，出租方必须向承租方出具设备的出厂合格证、安装资质证书,并复印件存档,必须根据起重机械设备技术要求、施工现场环境、设备状况以及辅助起重设备条件和有关技术标准制定专项安全施工方案和技术措施,由专业技术人员和专(或兼)职安全员监督实施并对安装作业的安全负责。安装作业前必须对作业人员进行安全技术交底,安装作业中各工序应定人、定岗、定责,定专人统一指挥,应设置警戒区,并设专人监护。

(3)起重机械安装完毕,必须经过安装单位和使用单位共同进行检验验收,未经检验验收或检验验收不合格的，不得使用。安装单位应当在投入使用前,将有关安装安全技术资料移交使用单位,并对使用单位进行安全技术交底。使用单位应将其存入施工现场安装管理资料档案。

(4)起重机械设备必须建立起重机械设备安全技术档案,对在用的起重机械设备及时进行日常和定期的维修保养及检验检查。

起重机械设备必须经起重机械设备检验检测机构定期进行检验检测。未经定期检验或者经检验不合格的,不得继续使用。

(5)起重机械设备作业人员,要严格执行起重机械设备操作规程和有关安全规章制度。

(6)每班作业前,司机应对制动器、钢丝绳及安全装置等进行检查,发现不正常时,应及时排除。

(7)工作结束或暂停作业后,应将所有控制手柄扳至零位,断开主电源,锁好电闸箱。

(8)起重机械的金属结构、轨道等必须做可靠的重复接地,在附近建筑物的防雷保护范围以外的起重机械应按地区雷暴日年平均天数和架体的高度设置防雷装置.

避雷针、引下线、接地体连接应符合有关规范的规定，重复接地和防雷接地的接地体可共用。

二、物料提升机

1. 自升式物料提升机的一般安全要求

(1)施工现场宜采用自升式物料提升机。

(2)提升机上应标有提升重量，严禁超载运行。吊篮提升后，吊篮下严禁有人停留。上料人员要远离提升机。其他各层人员不得向竖井内探头。严禁乘坐吊篮上下。

(3)吊篮与架体的涂色应有明显区别。

(4)吊篮升降必须有统一的指挥信号(旗、笛、电铃等)，做到指挥信号准确无误。信号不清，司机拒绝作业。

(5)吊运材料的长度应严格控制，一般不得超过吊篮的长度。如超过长度，必须采取有效措施，并将材料捆绑、垫稳。码放高度不得超过栏板，零散材料应装入容器后进行吊运。

(6)提升机第一次投入使用前，应按设计文件及使用说明书进行空载、额定荷载、超载试验，安全装置可靠性试验，特定情况下应重新进行超载试验外的其他试验。提升机使用前及使用中要按规定进行定期检查和日常检查。

(7)工作完毕或暂停作业，吊篮必须落到地面。

2. 物料提升机架体的安全要求

(1)设计制作必须符合《龙门架及井架物料提升机安全技术规范》和《钢结构设计规范》的要求，必须有设计计算书和图纸并经有关部门审核审批。

(2)厂家生产的定期产品，必须经法定的有关部门鉴定检验合格。

(3)提升机应与建筑物结构刚性连接。连墙杆件的设置应符合设计要求，间隔不宜大于 9m，且在建筑物顶层必须设置 1 组，架体的自由高度不应超过 6m，连墙杆件材质应与架体材料相同。连墙杆件与架体及建筑结构之间，均应采用刚性连接，并形成稳定结构。禁止架体与建筑脚手架连接。

(4)当提升机受条件限制无法设置连墙杆件时，应采用缆风绳稳固架体。高架提升机在任何情况下均不得采用缆风绳。

(5)提升机的架体和缆风绳与架空线路的最小安全距离要求见第一章第三节“五、架空线路与电缆敷设”。

(6)架高 20m 以下设 1 组缆风绳，20～30m 设 2 组，龙门架的缆风绳应设在顶部。缆风绳必须采用钢丝绳，直径不小于 9.3mm，与地面的夹角为 45°～60°，严禁使用铅丝、钢筋、麻绳等代替。缆风绳必须单独拴在各自的地锚上。缆风绳与地锚之间应采用花篮螺栓连接，严禁将缆风绳拴在树上、电杆及设备上。缆风绳穿越墙体、楼板时，应预先加套管，缆风绳与天梁、地锚的固定绳卡不得少于 3 个，间距不小于钢丝绳直径的 6 倍，且绳卡滑鞍放在受力绳的一侧，不得正反交错设置绳卡。地锚设置应根据土质情况及受力大小经计算确定，一般应采用水平式地锚进行埋设，露出地面的索扣必须采用钢丝绳。当土质坚实，地锚小于15KN时，也可选用桩式地锚。

3. 安全防护装置

(1)吊篮必须设置既灵敏可靠又构造简单便于管理的定型化停靠装置和断绳保护装置。停靠装置和断绳保护装置必须可靠灵活。

(2)超高限位装置(上极限限位器)。在距天梁底部不少于3m处或卷扬机机体上，设置超高限位装置。超高限位装置必须灵敏可靠。使用可逆式卷扬机时，超高限位可采取断电方式，使用摩擦式卷扬机时，超高限位装置必须采用报警方式，禁止使用断电方式。

(3)提升机还必须安装紧急断电装置开关和信号装置。

(4)高架(30m以上)，提升机除具备上述的安全装置外，还应安装下极限限位、缓冲器、超载限位器和通讯装置。

(5)吊篮两侧应设置固定栏板，其高度为1～1.2m。吊篮进、出料口必须设置定型化、工具化的安全门，进、出料时开放，垂直运输时关闭。安全门应开、关灵活，结实严密。

高架提升机应采用吊笼运送物料，吊笼的顶板可采用50mm，厚的木板。

吊篮严禁使用单根钢丝绳提升。

(6)楼层卸料平台的宽度不小于800mm，采用木脚手板横铺，铺满、铺严、铺稳。严禁用钢模板做平台板。

平台两侧应设1～1.2m高防护栏杆，并挂安全网。卸料平台内侧均应设定型化、工具化的防护门，防护门要开、关灵活，使用方便、有效，防护门高1～1.2m。

(7)提升机进料口应设置防护棚和防护门。防护棚宽度应大于提升机的外部尺寸，长度；低架提升机应大于3m，高架提升机应大于5m；防护棚顶部铺不小于50mm厚的木板，并铺满、铺严。防护门应在吊篮离开地面上升时自动落下，吊篮下到地面时自动抬起。

4. 传动系统的安全要求

(1)卷扬机应符合《建筑卷扬机安全规程》(GB 13329－91)的要求。宜选用可逆式卷扬机，高架提升机不得选用摩擦式卷扬机，卷筒与钢丝绳直径比应不小于30。卷扬机滚筒上必须设防止钢丝绳超越卷筒两端凸缘的保险装置。

卷扬机钢丝绳的第一个导向滑轮(地轮)与卷扬机卷筒中心的距离，带槽卷筒应大于卷筒宽度的15倍，无槽卷筒应大于20倍。

卷扬机固定，必须埋设满足受力的地锚。地锚与卷扬机的拉结必须满足要求，不得利用树木、电杆或桩锚固定卷扬机。

禁止使用倒顺开关作为卷扬机的控制开关。

(2)钢丝绳应维护保养良好，不得有严重的扭结、变形、锈蚀、断丝、缺油现象，严禁使用拆减、接长或报废的钢丝绳。

钢丝绳应用配套的天轮和地轮等滑轮。滑轮组直径与钢丝绳直径比值：低架提升机不应小于25，高架提升机应不小于30。滑轮组与架体（或吊篮）应采用刚性连接，严禁采用钢丝绳、铅丝等柔性连接和使用开口滑轮。

钢丝绳在卷筒上要排列整齐，不得咬绳和互相压绞，不得从卷筒下方卷入。运行中钢丝绳在卷筒上的圈数，不得少于3圈。

卷筒上的绳端固接应选用与其直径相应的绳卡、压板等固定牢固。采用绳卡固接时，工作绳卡数量不得少于3个，此外还应在尾端加一个安全绳卡。绳卡间距为钢丝绳直径的6～8倍，绳头距安全绳卡的距离不小于140mm，并用细钢丝绳捆扎。绳卡滑鞍放在钢丝绳工作受力的一侧，U型螺栓扣在钢丝绳的尾端，不得正反交错设置绳卡。在天梁上固定端应有防止钢丝绳受剪的措施。

钢丝绳在地面上的部分，不得拖地，应有拖滚，过路处要有保护措施。

(3)卷扬机应搭设操作棚。操作棚要防雨、防砸。操作棚对提升机的一面，严禁放置影响机手视线的障碍物。机棚的其他三面要围护，地面要硬化。

5. 物料提升机安装与拆除的安全要求

(1)高架提升机的基础应进行设计，其埋深和做法应符合设计和使用规定，低架提升机基础：土层压实后承载力应不小于80kPa；浇注300mm厚C20混凝土并预埋地脚螺栓；基础表面应平整，水平度偏差不大于10mm；基础上平面略高于地坪，并做排水沟。

(2)架体安装的垂直偏差，架体与吊篮间隙应符合《龙门架井架物料提升机安全技术规范》规定。

(3)架体的外侧必须采用安全网全封闭，但靠近卷扬机一侧，必须用大眼网封闭。

(4)井字架与各楼层通道连接的开口处，必须采用加强措施。

(5)提升机附设摇臂把杆时，必须进行设计计算。

(6)提升机拆除前，操作人员要仔细检查现场周围环境，清除障碍物，划定危险区并设置围栏或警戒标志，拆除时要设专人监护。

拆除要统一指挥，操作人员要服从领导、密切配合，严格按交底顺序、安全措施进行，特别是拆除缆风绳时要注意架体的稳定情况。

拆除作业时，严禁从高处向下抛掷物体。拆下的杆、件等应及时清理，放置在规定的位置，并码放整齐。

拆除卷扬机，必须先切断电源，经检查无误后才能进行拆除作业。拆除缆风绳或连墙杆件前，应先分别对两立柱采取稳固措施，保证立柱的稳定。

拆除作业须在白天进行，夜间禁止作业，因故中断作业时，应采取临时稳固措施。

三、塔式起重机

1. 塔式起重机安全保护装置

安全防护装置是防止起重机械事故的必要措施。包括限制运动行程和工作位置的装置、防起重机超载的装置、防起重机倾翻和滑移的装置、联锁保护装置等。本章仅列出了典型起重机安全防护装置，起重机安全保护装置应符合《起重机械安全规程》(GB 6067—2010)的相关规定。

(1)限制运动行程与工作位置的安全装置。

①起升高度限位器。起升机构均应装设起升高度限位器。用内燃机驱动，中间无电气、液压、气压等传动环节而直接进行机械连接的起升机构，可以配备灯光或声响报警装置，以替代限位开关。

当取物装置上升到设计规定的上极限位置时，应能立即切断起升动力源。在此极限位置的上方，还应留有足够的空余高度，以适应上升制动行程的要求。在特殊情况下，如吊运熔融金属，还应装设防止越程冲顶的第二级起升高度限位器，第二级起升高度限位器应分断更高一级的动力源。

需要时，还应设下降深度限位器；当取物装置下降到设计规定的下极限位置时，应能立即切断下降动力源。

上述运动方向的电源切断后，仍可进行相反方向运动(第二级起升高度限位器除外)。

②运行行程限位器。起重机和起重小车(悬挂型电动葫芦运行小车除外)，应在每个运行方向装设运行行程限位器，在达到设计规定的极限位置时自动切断前进方向的动力源。在运行速度大于100m/min，或停车定位要求较严的情况下，宜根据需要装设两级运行行程限位器，第一级发出减速信号并按规定要求减速，第二级应能自动断电并停车。

如果在正常作业时起重机和起重小车经常到达运行的极限位置，司机室的最大减速度不应超过2.5m/s。

③幅度限位器。对动力驱动的动臂变幅的起重机(液压变幅除外)，应在臂架俯仰行程的极限位置处设臂架低位置和高位置的幅度限位器。

对采用移动小车变幅的塔式起重机，应装设幅度限位装置以防止可移动的起重小车快速达到其最大幅度或最小幅度处。最大变幅速度超过40m/min的起重机，在小车向外运行且当起重力矩达到额定值的80%时，应自动转换为低于40m/min的低速运行。

④幅度指示器。具有变幅机构的起重机械，应装设幅度指示器(或臂架仰角指示器)。

⑤防止臂架向后倾翻的装置。具有臂架俯仰变幅机构(液压油缸变幅除外)的起重机，应装设防止臂架后倾装置(例如一个带缓冲的机械式的止挡杆)，以保证当变幅机构的行程开关失灵时，能阻止臂架向后倾翻。

⑥回转限位。需要限制回转范围时，回转机构应装设回转角度限位器。

⑦回转锁定装置。需要时，流动式起重机及其他回转起重机的回转部分应装设回转锁定装置。

⑧支腿回缩锁定装置。工作时利用垂直支腿支承作业的流动式起重机械，垂直支腿伸出定位应由液压系统实现；且应装设支腿回缩锁定装置，使支腿在缩回后，能可靠地锁定。

⑨防碰撞装置。当两台或两台以上的起重机械或起重小车运行在同一轨道上时，应装设防碰撞装置。在发生碰撞的任何情况下，司机室内的减速度不应超过5m/s。

⑩缓冲器及端部止挡。在轨道上运行的起重机的运行机构、起重小车的运行机构及起重机的变幅机构等均应装设缓冲器或缓冲装置。缓冲器或缓冲装置可以安装在起重机上或轨道端部止挡装置上。轨道端部止挡装置应牢固可靠，防止起重机脱轨。

有螺杆和齿条等的变幅驱动机构，还应在变幅齿条和变幅螺杆的末端装设端部止挡防脱装置，以防止臂架在低位置发生坠落。

⑪偏斜指示器或限制器。跨度大于40m的门式起重机和装卸桥应装设偏斜指示器或限制器。当两侧支腿运行不同步而发生偏斜时，能向司机指示出偏斜情况，在达到设计规定值时，还应使运行偏斜得到调整和纠正。

⑫水平仪。利用支腿支承或履带支承进行作业的起重机，应装设水平仪，用来检查起重机底座的倾斜程度。

(2)防超载的安全装置。

①起重量限制器。对于动力驱动的1t及以上无倾覆危险的起重机械应装设起重量限制器。对于有倾覆危险的且在一定的幅度变化范围内额定起重量不变化的起重机械也应装设起重量限制器。

需要时，当实际起重量超过95%额定起重量时，起重量限制器宜发出报警信号(机械式除外)。

当实际起重量在100%～110%的额定起重量之间时，起重量限制器起作用，此时应自动切断起升动力源，但应允许机构作下降运动。

内燃机驱动的起升和/或非平衡变幅机构，如果中间没有电气、液压或气压等传动环节而直接与机械连接，该起重机械可以配备灯光或声响报警装置来替代起重量限制器。

②起重力矩限制器。额定起重量随工作幅度变化的起重机，应装设起重力矩限制器。

当实际起重量超过实际幅度所对应的起重量的额定值的95%时，起重力矩限制器宜发出报警信号。

当实际起重量大于实际幅度所对应的额定值但小于110%的额定值时，起重力矩限制器起作用，此时应自动切断不安全方向(上升、幅度增大、臂架外伸或这些动作的组合)的动力源，但应允许机构作安全方向的运动。

内燃机驱动的起升和/或平衡变幅机构，如果中间没有电气、液压或气压等传动环节而直接与机械连接，该起重机械可以配备灯光或声响报警装置来替代起重力矩限制器。

③极限力矩限制装置。对有自锁作用的回转机构，应设极限力矩限制装置。保证当回转运动受到阻碍时，能由此力矩限制器发生的滑动而起到对超载的保护作用。

(3)抗风防滑和防倾翻装置。

①抗风防滑装置。

②室外工作的轨道式起重机应装设可靠的抗风防滑装置，并应满足规定的工作状态和非工作状态抗风防滑要求。

③工作状态下的抗风制动装置可采用制动器、轮边制动器、夹轨器、顶轨器、压轨器、别轨器等，其制动与释放动作应考虑与运行机构联锁并应能从控制室内自动进行操作。

④起重机只装设抗风制动装置而无锚定装置的，抗风制动装置应能承受起重机非工作状态下的风载荷；当工作状态下的抗风制动装置不能满足非工作状态下的抗风防滑要求时，还应装设牵缆式、插销式或其他形式的锚定装置。起重机有锚定装置时，锚定装置应能独立承受起重机非工作状态下的风载荷。

⑤非工作状态下的抗风防滑设计，如果只采用制动器、轮边制动器、夹轨器、顶轨器、压轨器、别轨器等抗风制动装置，其制动与释放动作也应考虑与运行机构联锁，并应能从控制室内自动进行操作(手动控制防风装置除外)。

⑥锚定装置应确保在下列情况下起重机及其相关部件的安全可靠：

a. 起重机进入非工作状态并且锚定时。

b. 起重机处于工作状态，起重机进行正常作业并实施锚定时。

c. 起重机处于工作状态且在正常作业，突然遭遇超过工作状态极限风速的风载而实施锚定时。

⑦防倾翻安全钩。起重吊钩装在主梁一侧的单主梁起重机、有抗震要求的起重机及其他有类似防止起重小车发生倾翻要求的起重机，应装设防倾翻安全钩。

(4)联锁保护。

①进入桥式起重机和门式起重机的门，和从司机室登上桥架的舱口门，应能联锁保护；当门打开时，应断开由于机构动作可能会对人员造成危险的机构的电源。

②司机室与进入通道有相对运动时，进入司机室的通道口，应设联锁保护；当通道口的门打开时，应断开由于机构动作可能会对人员造成危险的机构的电源。

③可在两处或多处操作的起重机，应有联锁保护，以保证只能在一处操作，防止两处或多处同时都能操作。

④当即可以电动，也可以手动驱动时，相互间的操作转换应能联锁。

⑤夹轨器等制动装置和锚定装置应能与运行机构联锁。

⑥对小车在可俯仰的悬臂上运行的起重机，悬臂俯仰机构与小车运行机构应能联锁，使俯仰悬臂放平后小车方能运行。

(5)其他安全防护装置。

①风速仪及风速报警器。对于室外作业的高大起重机应安装风速仪，风速仪应安置在起重机上部迎风处。

对室外作业的高大起重机应装有显示瞬时风速的风速报警器，且当风力大于工作状态的计算风速设定值时，应能发出报警信号。

②轨道清扫器。当物料有可能积存在轨道上成为运行的障碍时，在轨道上行驶的起重机和起重小车，在台车架(或端梁)下面和小车架下面应装设轨道清扫器，其扫轨板底面与轨道顶面之间的间隙一般为5～10mm。

③防小车坠落保护。塔式起重机的变幅小车及其他起重机要求防坠落的小车，应设置使小车运行时不脱轨的装置，即使轮轴断裂，小车也不能坠落。

④检修吊笼或平台。需要经常在高空进行起重机械自身检修作业的起重机，应装设安全可靠的检修吊笼或平台。

⑤导电滑触线的安全防护。桥式起重机司机室位于大车滑触线一侧，在有触电危险的区段，通向起重机的梯子和走台与滑触线间应设置防护板进行隔离。

桥式起重机大车滑触线侧应设置防护装置，以防止小车在端部极限位置时因吊具或钢丝绳摇摆与滑触线意外接触。

多层布置桥式起重机时，下层起重机应采用电缆或安全滑触线供电。

其他使用滑触线的起重机械，对易发生触电的部位应设防护装置。

⑥报警装置。必要时，在起重机上应设置蜂鸣器、闪光灯等作业报警装置。流动式起重机倒退运行时，应发出清晰的报警音响并伴有灯光闪烁信号。

⑦防护罩。在正常工作或维修时，为防止异物进入或防止其运行对人员可能造成危险的零部件，应设有保护装置。起重机上外露的、有可能伤人的运动零部件，如开式齿轮、联轴器、传动轴、链轮、链条、传动带、皮带轮等，均应装设防护罩(栏)。

在露天工作的起重机上的电气设备应采取防雨措施。

2. 塔式起重机的附着锚固的安全要求

(1)起重机附着的建筑物，其锚固点的受力强度应满足起重机设计要求。附着杆系的布置方式、相互间距和附着距离等，应按出厂使用说明书规定执行。有变动时，应另行设计。

(2)装设附着框架和附着杆件，应采用经纬仪测量塔身垂直度，并应采用附着杆进行调整，在最高锚固点以下垂直度允许偏差为2/1000。

(3)在附着框架和附着支座布设时，附着杆倾斜角不得超过10°。

(4)附着框架宜设置在塔身标准节连接处，箍紧塔身。塔架对角处在无斜撑时应加固。

(5)塔身顶升接高到规定锚固间距时，应及时增设与建筑物的锚固装置。塔身高出锚固装置的自由端高度，应符合出厂规定。

(6)起重过程中，应经常检查锚固装置，发现松动或异常情况时，应立即停止作业，故障未排除，不得继续作业。

(7)拆卸起重机时，应随着降落塔身的进程拆卸相应的锚固装置。严禁在落塔之前先拆锚固装置。

(8)遇有六级及以上大风时，严禁安装或拆卸锚固装置。

(9)锚固装置的安装、拆卸、检查和调整，均应有专人负责，工作时应系安全带和戴安全帽，并应遵守高处作业有关安全操作的规定。

(10)轨道式起重机作附着式使用时，应提高轨道基础的承载能力和切断行走机构的电源，并应设置阻挡行走轮移动的支座。

3. 路基与轨道的安全要求

(1)基础。固定式起重机应设置混凝土基础，必须满足塔式起重机工作状态下最大荷载，符合使用说明书中的要求基础平面≤1/1000。行走式塔式起重机路基必须平整夯实，地基承载力 120～160kPa，路基不得设置在地下建筑物上面或冻土上面，碎石铺设厚度不少于 250mm，并将枕木埋入 100mm，碎石粒度为 5～80mm。基础必须有良好的排水措施。

(2)枕木。枕木间距不大于 600mm，枕木之间必须填满碎石。

(3)道轨。应选用与塔式起重机行走轮槽相适的钢轨，鱼尾板、道钉、连接螺栓要齐全，螺栓道钉不得松动、短缺；接头处必须有枕木支承，相邻两轨接头应错开 1.5m 以上，两轨之间每隔 6m 用 10# 槽钢拉接，保证轨距不变形；轨道纵向和横向倾斜度不大于 1/1000，轨距误差不大于公称值的 1/1000，其绝对值不大于 6mm；道轨接头部间隙不大于 4mm，接头处两轨高低差不大于 2mm。

4. 塔式起重机电气的安全要求

(1)行走式塔起重机电缆不准拖地，必须设置具有张紧装置的电缆卷筒。

(2)塔式起重机塔身或轨道必须做保护接零并做重复接地和避雷接地。当施工现场采用 TT 系统时，塔式起重机应进行接地，其接地电阻值不得大于 4Ω。当采用 TN 系统时，除做保护接零外，还应按临时用电的规范做重复接地，其电阻值不大于 10Ω。避雷接地应符合临时用电规范的有关要求。塔式起重机的重复接地应在轨道的两端各设置 1 组，对较长的轨道，每隔 30mm 再加设 1 组接地装置，两条轨道之间应用钢筋或扁铁等做电气连接，轨和轨的接头处应用 $\phi 8$ 钢筋等导线做电气连接。

(3)塔式起重机的任何部位与输电线路应保持安全距离；沿垂直方向：1kV 以下不小于 2m，1～15kV 不小于 3m，20～40kV 不小于 4m；沿水平方向；10kV 以下不小于 2m，10kV 以上不小于 3m。在不能达到上述安全距离时，必须采取防护措施。

5. 塔式起重机安装拆除与操作安全的要求

(1)起重机安装后,在无载荷情况下,塔身与地面的垂直度偏差不得超过3‰。塔吊的电动机和液压装置部分,应按电动机和液压装置的有关规定执行。

(2)塔吊作业时,应有足够的工作场地,塔吊起重臂杆起落及回转半径内无障碍物。

(3)作业前,必须对工作现场周围环境、行驶道路、架空电线、建筑物以及构件重量和分布等情况进行全面了解。

(4)在进行塔吊回转、变幅、行走和吊钩升降等动作前,操作人员应鸣声示警。检电源电压应达到380V,其变动范围不得超过+20V、-10V,送电前启动控制开关应在零位,接通电源,检查金属结构部分有无漏电现象。

(5)塔吊的指挥人员必须经过培训取得合格证后,方可担任指挥,作业时应与操作人员密切配合。操作人员应严格执行指挥人员的信号,如信号不清或错误时,操作人员应拒绝执行。如果由于指挥失误而造成事故,应由指挥人员负责。

(6)操纵室与远离塔吊的在正常指挥的指挥人员联系发生困难时,可设高空、地面两个指挥人员,或采取其他有效联系办法进行指挥。

(7)遇有六级以上大风、大雪、大雾等恶劣天气时,应停止塔吊作业。

(8)塔吊的小车变幅和动臂变幅限制器、行走限位器、力矩限制器、吊钩高度限制器以及各种行程限位开关等安全保护装置,必须齐全、灵敏可靠,不得随意调整和拆除。严禁用限位装置代替操纵机构。

(9)塔吊作业时,重物下方不得有人停留或通过。严禁用塔吊载运人员。

(10)塔吊机械必须按规定的塔吊性能作业,不得超载荷和起吊不明重量的物件。在特殊情况下需超载荷使用时,必须有保证安全的措施,经企业技术负责人签字批准,有专人在现场监护,方可起吊,但不可超过限载的10%。

(11)严禁使用塔吊进行斜拉、斜吊和起吊底下埋设或凝结在地面上的重物。现场浇灌的混凝土构件或模板,必须全部松动后方可起吊。

(12)起吊重物时应绑扎平稳、牢固,不得在重物上堆放或悬挂零星物件。零星材料和物件,应按标明位置绑扎。绑扎钢丝绳与物件的夹角不得小于300。

(13)在雨雪天气作业时,应先经过试吊,确认制动器灵敏可靠后方可进行作业。

(14)塔吊在起吊满荷载或接近满荷载时,应先将重物吊起离地面20~50cm停止提升进行下列检查:起重机的稳定性、制动器的可靠性、重物的平稳性、绑扎的牢固性。确认无误后方可再行提升。对于可能晃动的物件,必须拴拉绳。

(15)提升和降落速度要均匀,严禁忽快忽慢和突然制动。左右回转动作要平稳,当回转未停稳前不得作反方向动作。非重力下降式塔吊,严禁带载自由降落。

(16)塔吊不得靠近架空输电线路作业,如限于现场条件,必须在线路旁作业时,应采取安全保护措施,塔吊与架空输电导线的安全距离应符合规定。

(17)塔吊吊钩装置顶部至小车架下端最小距离:上回转式2倍率时1000mm,4

倍率时 700mm，下回转式 2 倍率时 800mm，4 倍率时 400mm，此时应能立即停止起升运动。

(18)塔吊基础土壤承载力必须严格按原厂使用规定：中型塔为 8～12t/m²，重型塔为 12～16t/m²。

(19)每道附着式的撑杆布置方式、相互间隔和附墙距离应按原厂规定，自制撑杆应有设计计算书

(20)风力达到四级以上时不得进行顶升、安装、拆卸作业。顶升前必须检查液压顶升系统和部件连接情况。顶升时严禁回转臂杆和其他作业。

(21)塔吊的安装、拆卸作业，应由取得安装、拆卸资质的单位和人员进行。

(22)塔吊应设置避雷装置。

6. 多塔作业的安全要求

(1)两台或两台以上塔式起重机在相靠近的位置、轨道或在同一条轨道上作业时，应保持两塔式起重机之间的最小距离。

①移动塔式起重机：任何部位(包括吊物)之间距离不小于 5m。

②固定塔式起重机：两台塔式起重机之间的最小架设距离应保证处于低位的塔式起重的臂端部与另一个塔式起重机塔身之间至少有 2m 的距离；处于高位的塔式起重机(吊钩升至最高点)与低位的塔式起重机之间，在任何情况下，其垂直方向的间距不得小于 2m。

(2)当施工现场存在交叉作业或因场地限制，不能满足要求时，应同时采取两种措施。

①组织措施：制定防碰撞措施，对塔式起重机作业范围及行走路线进行规定，对司机、指挥进行防碰撞的专项安全技术交底并由专业监护人员进行监督执行。

②技术措施：应设置行程限位装置缩短臂杆、升高(下降)塔身等措施，防止塔式起重机超越作业范围，发生碰撞事故。

7. 操作人员应遵守的安全要求

(1)司机、指挥和司索人员，必须经培训合格后，持证上岗，必须熟记并使用国家标准《起重机吊运指挥信号》(GB 5082－85)规定的指挥信号，当施工现场多塔作业相互干扰，或高塔作业司机不能清晰地听到信号指挥人员的笛声和看到手势时，应结合现场实际使用旗语或对讲机进行指挥。

(2)操作人员要严格执行操作规程，认真做好塔式起重机工作前、工作中及工作后的安全检查和维修保养工作，严禁机械“带病运转”。

(3)工作中的司机、指挥及司索人员要密切配合，严格按指挥信号操作。司机和指挥人员，不得擅离岗位。

(4)起重吊装中坚决执行“十不吊”。

①吊物重量超过机械性能允许范围不准吊。

②信号不清不准吊。

③吊物下有人不准吊。

④吊物上站人不准吊。

⑤埋在地下物不准吊。

⑥斜拉斜挂不准吊。

⑦散物捆扎不牢不准吊。

⑧零散杂物无容器不准吊。

⑨吊物重量不明，吊索具不符合规定不准吊。

⑩遇有大风、大雪、大雾和六级以上大风等恶劣天气不准吊。

四、外用电梯

1. 外用电梯每班作业前应检查的安全内容

每班作业前要对安全装置进行试验，确保灵敏可靠：

(1)制动器：制动器是保证外用电梯运行安全的主要安全装置，必须灵敏可靠。由于电梯起动、停止频繁及作业条件的变化，制动器容易失灵，司机要严格执行日常维修保养制度，经常保持自动调节间隙机构的清洁；机械维修管理人员及安全管理人员要及时检查、及时维修，及时进行动作试验。

(2)限速器：限速器是电梯的保险装置，电梯在每次安装后进行检验时，应同时进行坠落试验。限速器每两年标定一次(到指定的有检验能力的单位)。

(3)门连锁装置：门连锁装置要确保笼门关闭严密时，梯笼方可运行。

(4)上、下限位装置：上、下限位装置应保障梯笼碰撞上、下极限位置时，自动切断运动方向的电源，制动停止。

2. 外用电梯安全防护的要求

(1)外用电梯地面吊笼出入口要搭设防护棚。防护棚宽度应大于吊笼出入口，长度不小于2.5m，顶部铺不小于50mm厚木板，铺满、铺严。

(2)卸料口要搭设卸料平台，平台宽度不小于0.8m，两侧加双道栏杆，挂密目式安全网。平台横铺不小于50mm厚的脚手板。两端绑扎牢固，铺满、铺严，严禁采用钢模板和竹脚手板。

(3)卸料平台要有定型的防护门，不用时及时关闭。

3. 外用电梯安装与拆卸的安全要求

(1)架体的基础必须夯实、平整，符合使用说明书的要求，浇筑300mm厚C20混凝土，做好排水设施。

(2)架体的垂直度符合使用说明书的要求，并控制在3‰以内。

(3)按外用电梯的使用说明书要求，安装与建筑物主体的附着装置，严禁与外脚架连接。

(4)外用电梯的安装验收要符合起重机安装的有关要求，安装完毕后的验收要包括：基础的制作、架体的垂直度、附墙距离、顶端的自由高度、电气及安全装置的灵敏度检查检测结果。并做整体运行试验，包括空载、静载、荷载、坠落试验。要认真填写验收单，对需要量化的内容必须填写实测数据。

4. 外用电梯使用的安全要求

(1)依据外用电梯使用说明书,在梯笼外明显位置悬挂额定荷载牌,标明额定载重量和额定人员,严禁超载使用。

(2)外用电梯未加配重时,严禁载人(设计无配重的除外)。

(3)外用电梯的使用必须有明确的联络信号,采用电铃、楼层对讲系统等,信号必须准确。

(4)每班作业前必须做空载或额定荷载试验。将梯笼分别上升离地面 1m 左右停车,检查制动器的灵敏性,正常后方可投入使用。

(5)司机要认真按规定做好交接班并做好记录。

(6)外用电梯必须配备专用配电箱,并安装漏电保护器。

(7)按规定做好保护接零和重复接地。

(8)当外用电梯超出避雷保护范围时,要按照有关规定做好避雷装置。

五、汽车、轮胎式起重机

汽车、轮胎式起重机的安全要求

(1)作业前,应全部伸出支脚,并在撑脚板下垫方木,调整机体使回转支承面的倾斜度不大于 1/1000。

(2)起吊重物达到额定起重量的 90%以上时,严禁同时进行两种及以上的操作动作。

(3)当轮胎式起重机带载行走时,道路必须平坦坚实,重物应在起重机正前方向,载荷不得超过允许起重量的 70%,重物离地面不得超过 500mm,并应拴好拉绳,缓慢行驶。行驶时,严禁人员在底盘走台上站立或蹲坐,并不得堆放物件。

六、电动葫芦

电动葫芦的安全要求

(1)电动葫芦使用前应检查设备的机械部分和电气部分,钢丝绳、吊钩、限位器等应完好,电气部分应无漏电,接地装置良好。作业前还应进行空载试验,运转正常后方可作业。

(2)电动葫芦严禁超载起吊,起吊时手不得握在绳索与物体之间,吊物上升应严防冲撞。露天作业时应设防雨棚。

(3)起吊物件应捆扎牢固。电动葫芦吊重物行走时,重物离地面不应超过 1.5m。工作间歇禁止将重物悬在空中。

(4)在起吊过程中,由于故障造成重物失控下滑时,必须采取紧急措施,向无人处下放重物,在起吊过程中严禁急速升降。

(5)运行轨道和行走部分应无异常。

(6)钢丝绳与卷筒和滑轮应该卷绕正常合理。

(7)按钮开关应保持灵敏可靠并接地良好。

第二节 起重吊装

一、一般规定

起重吊装作业的一般安全规定

(1)起重吊装作业前必须编制专项施工方案,并经上一级技术负责人审批。起重吊装施工方案内容应包括现场环境、工程概况、施工工艺、起重机械的选型依据、起重扒杆的设计计算、地锚设计、钢丝绳及索具的设计选用、地耐力及道路的要求,构件堆放就位图以及吊装过程中的各种防护措施等。施工方案必须针对工程状况和现场实际具有指导性。

(2)起重机司机的岗位证书与培训内容,必须与所驾驶起重机类型相符。

(3)起重机司机应熟知机械原理、保养规则、安全操作规程、指挥信号并严格遵照执行。

(4)实行专人专机制度,严格执行交接班制度,非司机不准操作。

(5)工作开始前,应检查钢丝绳的磨损情况,并对起重机械作一次全面检查。检查各控制器及传动装置、制动的可靠性。确定各部件完全正常时,方可进行操作。

(6)起重机升降重物时,起重臂不得进行变幅操作,变幅操作必须空载进行。变幅时不能与运行、旋转、起升三种动作中的任何一种动作同时进行。

(7)进行起重作业时,须试吊无误后,方可正式起吊。

(8)作业中,遇六级及以上大风、大雨、雪等恶劣气候,应停止起吊作业,将臂杆降到安全位置。

(9)保持起重机械的整洁和卫生,及时检修漏油和擦洗起重机的外部污垢。

二、起重钢丝绳

1. 起重钢丝绳的安全系数、安全圈数等要求

(1)起重钢丝绳应满足不同用途的安全系数。钢丝绳按起重方式确定安全系数,人力驱动时,安全系数不小于 4.5 倍;机械驱动时,不小于 5～6 倍。

(2)钢丝绳在卷扬机滚筒上的安全圈数不小于 3 圈,绳的末端固定牢靠,在保留 2 圈的状态下应能承受 1.25 倍的钢丝绳额定拉力。

(3)卷扬机的额定拉力大于 125kN 时应设置排绳装置,卷扬机卷筒边缘至最外层钢丝绳不小于钢丝绳直径的 2 倍。

(4)缆风绳用钢丝绳直径应经过计算,且安全系数不小于 3.5 倍,其过路和过输电线路应符合要求。

(5)用绳卡连接时,应满足表 4-1 的要求,同时连接强度不得小于钢丝绳破断拉力的 85%;编接时编接长度不应小于绳的 15 倍,且不得小于 300mm,同时连接强度不得小于钢丝绳破断拉力的 75%。

表 4-1 用绳卡连接时的安全要求表

钢丝绳直径/mm	<10	10～20	21～26	28～36	36～40
绳卡数量	3	4	5	6	7
绳卡压板应在受力绳一侧，绳卡间距不应小于绳径的 6 倍，且不小于 1200mm。绳头距最后一个卡子不小于 140mm					

2. 钢丝绳使用中的安全要求

(1)对运动的钢丝绳与机械某部位发生摩擦接触时，应在机械接触部位加适当保护措施；捆绑绳与被吊物棱角接触时，应在钢丝绳与被吊物接触部位加垫胶皮、垫木或铜板等，以防钢丝绳磨损断丝。

(2)起升钢丝绳不准斜吊，以防钢丝绳乱绳出现故障。

(3)起重作业中严禁超载起吊。

(4)起重机械安装起升限位器，以防过卷拉断钢丝绳。

(5)钢丝绳在滑轮里及卷筒上的位置应正确，在卷筒上的固定应牢靠。

(6)钢丝绳严禁与电焊机把线、地线以及其他导电线、缆接触，以防电火打伤钢丝绳及人身触电事故发生。

(7)当整根钢丝绳的外表面有肉眼可见的腐蚀麻面时，不应继续使用。

(8)钢丝绳在使用及存放期间，应保持清洁并定期涂抹无水防锈油。钢丝绳应成卷、分规格品种堆放在干燥、通风的库房内。现场临时堆放时，应放在干燥处且应采取避免雨淋以及腐蚀品接触的措施。

3. 钢丝绳降低标准使用或做报废处理的标准

(1)钢丝绳锈蚀、磨损、断丝应按《起重机械钢丝绳保养、维护、安装、检验和报废》(GB 5972－2009)检验，降低标准使用或做报废处理。

(2)钢丝绳失去正常状态，产生下列情形时，不宜再用作起重吊装用绳：

①波浪形。

②笼状畸变。

③绳股、绳芯或钢丝挤出。

④绳径局部增大或缩小。

⑤钢丝绳拱扁。

⑥扭结、弯折，或被电弧灼伤或加热退火。

(3)钢丝绳的断丝数达到表 4-2 或表 4-3 数值时，应予以报废。

表 4-2 圆股钢丝绳报废标准

安全系数 K	交互捻钢丝绳	
	6×19+1	6×37+1
	一个截距内断丝根数	
<6	12	22
6～7	14	26
>7	16	30

表 4-3 钢丝绳报废标准

长度范围	断丝数		
	6×19+1	6×24+1	6×37+1
6*d*	10	13	19
30*d*	19	26	38

注：*d*——钢丝绳直径。

(4)当钢丝绳有锈蚀和磨损时，将表 4-2 断丝数按表 4-4 折减，并按折减后的断丝数报废。

表 4-4 折减系数

钢丝表面磨损量或蚀量/%	10	15	20	25	30～40	>40
折减系数/%	85	75	70	60	50	0

三、吊具(卡环和吊钩)

1. 卡环(又名卸甲或卸扣)的安全要求

(1)使用卡环不能超过产品说明书中的允许载荷。

(2)卡环表面不得有斑疤、裂纹、夹层、毛刺等缺陷，如有永久变形或裂纹，应予以报废。

(3)使用时，绳索的拉力只许作用在本体的弯曲部分和横销上，严禁绳索拉力作用在卸扣本体的两侧。

2. 吊钩的安全要求

(1)吊钩应锻造，铸造的不得使用。

(2)有下列情况之一者禁止使用，予以报废：

①裂纹。

②危险断面磨损达原尺寸的 10%。

③开口度比原尺寸增加 15%。

④扭转变形超过 10%。

⑤危险断面或吊钩颈部产生塑性变形。

⑥板钩衬套磨损达原尺寸的 50%时，衬套应报废。

⑦板钩心轴磨损达原尺寸的 5%时，心轴应报废。

(3)钩上端或螺纹不应有变形、残缺、凹口等缺陷。

(4)吊钩应有防脱钩装置。当吊索不用其绳扣直接挂在吊钩上时，应用圭钩绳结。

(5)用吊钩直接挂在刚性吊耳上时，应使吊耳作用在吊钩弯曲部分的中部，严禁作用在吊钩的端部。

(6)用吊钩直接挂在刚性吊耳上，且悬挂吊钩的吊索在受力后处于水平或倾斜状态时，吊钩的开口应朝上。

四、地锚

1. 地锚设置的安全要求

(1)地锚应按施工方案规定的规格和位置设置，如发现有沟坑、地下管线等情况，应重新选择锚点。

(2)利用建、构筑物作地锚时，应遵守有关规定。

(3)地锚要经试验合格后方可投入使用。

2. 利用建、构筑物作地锚时的安全要求

(1)必须按最不利受力情况进行验算，保证建、构筑物在吊装全过程中不会出现超出规定的变形或受到破坏，并要取得有关设计单位、建设单位及施工单位的同意。

(2)必须采取措施，保证建、构筑物的表面不受损伤。

(3)必须对所用建、构筑物的质量及有关构件的连接、固定情况进行检查，并确认合格。

(4)禁止利用脚手架、电线杆及树木等作地锚。

(5)地面设置地点应符合下列要求：

①地锚所在地点应比较平整、土质坚硬、不潮湿、不积水、不准设置在回填土上，使用前及使用中的地锚附近不许取土。

②锚四周应有排水措施，严禁积水，以免降低其承载能力。

五、滑轮

1. 滑轮出现如下情形时应报废

(1)裂纹或轮缘破损。

(2)轮槽不均匀磨损超过 3mm。

(3)滑轮槽的壁厚磨损达 20%。

(4)滑轮槽底部磨损超过钢丝绳直径的 25%。

(5)其他磨损钢丝绳的缺陷。

2. 滑轮、滑轮组的安全使用注意事项

(1)滑轮与钢丝绳要匹配合理。滑轮槽应光洁、平滑，不得有损伤钢丝绳的缺陷。

(2)钢丝绳穿好后，应慢慢加力拉紧钢丝绳进行检查。滑轮组各部位运转情况必须良好，不得有卡绳、磨绳等现象，否则应立即调整，正常后方能使用。

(3)滑轮组使用中，应注意钢丝绳是否脱槽，如脱槽应及时处理，以免卡住。

(4)滑轮组吊钩中心与被吊物体的重心，应在一条直线上，防止重物吊起后产生过大摆动或扭转。

(5)滑轮组的一端滑车被长的钢丝绳悬挂或牵引时，应采取措施防止扭转。

六、吊点与索具

1. 吊点位置的选择

应根据重物的外形、重心及工艺要求选择吊点，并在施工方案中确定吊点设置

的位置。

2. 吊点与索具选择的安全注意事项

(1)在重物起吊、翻转、移位等作业中都必须使用吊点,吊点应与重物的重心在同一垂直线上,且吊点应在重心之上(吊点与重物重心的连线和重物的横截面垂直),保证重物垂直起吊,禁止斜吊。

(2)当采用几个吊点起吊时,各吊点的合力作用点应在重物重心的位置上。必须正确计算每根吊索的长度,保证重物在吊装过程中始终保持稳定位置。

(3)构件无吊耳需要用钢丝绳捆绑时,必须对棱角处采取保护措施,防止切断钢丝绳。

(4)索具应按施工方案确定的要求选用,并符合安全要求。吊索用钢丝绳应采用6×19或6×37型钢丝绳制作。钢丝绳做吊索时,其安全系数不小于6~8倍。

(5)使用卡环应使长度方向受力,绳卡压板应在受力绳一侧。

七、司机与指挥

(1)汽车吊必须由起重机司机驾驶,严禁同车的汽车司机与起重机司机相互替代(司机持有两种证件的除外)。

(2)起重机的指挥信号必须符合国家标准《起重吊运指挥信号》(GB 5082—1985)的规定。

(3)当在高处作业,受条件限制时,必须设置信号传递人员,确保起重机司机能清晰准确地看到或听到指挥信号。

(4)起重机司机应具备所在作业岗位的技能和必要知识,能理解和实施技术交底中的相关内容和要求。

(5)任何吊装作业均设指挥岗位,明确指挥人员。指挥人员只有在有关事项经过检查并确认无误后,方可下达指挥命令,发出的指挥信号和指挥语言,必须清晰准确。

(6)起重机司机必须熟练掌握指挥信号和指挥语言,并与指挥人员密切配合。操作人员有权拒绝违章指挥,但必须立即报告指挥人员,必要时发出紧急停止信号。

八、起重作业

1. 起重作业的一般安全要求

(1)起重机械安装和作业的路基路面地耐力应符合其说明书要求。

(2)作业道路平整坚实,一般情况纵向坡度不大于3‰,横向坡度不大于1‰。行驶或停放时,应与沟渠、基坑保持5米以外,且不得停放在斜坡上。

(3)地面铺垫要用符合规定的材料,不得使用腐朽和易碎的材料当作起重机械的铺垫。

(4)起重机械及配套装置安装完毕后,需经主管领导组织有关部门进行验收,合格后方可作业。

(5)起重吊装作业,吊装指挥、司机、起重工要密切配合,严格按照起重操作规程作业。

(6)起重作业必须坚持“十不吊”。

(7)起重作业前,应根据施工组织设计或施工方案划定危险作业区域,并设醒目的警戒标志,防止无关人员进入。在路口或行人车辆易出现的位置应设专人警戒。

(8)每次起吊作业前均应试吊,检验各种起重机械设备的状况和各种索具、钢丝绳等装置的安全状态。

(9)起重吊装时,高处作业人员应按规定采取安全措施,防止高处坠落。

(10)高处作业人员应有可靠的爬梯或斜道,吊装作业人员在高空移动和作业时,必须有可靠的立足点并系牢安全带。

(11)吊运易倒、易变形的构件应采取相应措施,并有防坠落措施。

2. 抬吊时的安全要求

(1)用两台或多台起重机吊运同一重物时,钢丝绳均应保持垂直。各台起重机的升降、运行应保持同步。

(2)多台起重机共同作业,必须随时掌握各种起重机起升的同步性,单机负荷不得超过该机额定起重量的80%。

(3)多台起重机共同作业时,同一对称点上的两台起重机型号宜相同,若型号不同时,起重机的起重能力应按较小的吊车计算。

3. 柱子吊装的安全要求

(1)根据柱子特征、起重机能力和现场条件,合理选用吊装方法。

(2)用缆风绳临时固定柱子或校正柱子时应在吊装前将缆风绳绑扎在柱子上,四面各一根,起吊后将缆风绳按预定方向引好,柱子落稳并达到基本垂直后,用缆风绳临时固定,然后摘钩。

(3)吊运无缆风绳的柱子时应随吊随校。偏心较大、细长、杯口深度不足柱子长度的1/20或不足600mm时,禁止无缆风绳校正。

(4)重型柱子杯口最好使用钢楔或断面加大的硬木楔。

(5)柱与杯口间隙较大时,应以加厚加宽的木楔固定。严禁将两个或两个以上的钢楔或木楔叠在一起使用,以防楔块松动,使柱子倾倒。

(6)对于重型柱或稳定性较差的柱,应在柱脚落到杯底后立即找正,并应在柱子的两个大面都用木楔卡好后再松钩,每个大面卡两点,且卡到底部。

4. 梁吊装的安全要求

(1)梁的吊装应从有垂直支撑的跨间开始,以增强结构稳定性。

(2)吊车梁落到柱子牛腿上以后,不能用撬杠作纵向撬动,以免造成柱的垂直偏差。

5. 屋架、桁架吊装的安全要求

(1)吊装前,柱顶标高要校正,根据测定的支座标高,准备好适当厚度的垫铁,以便吊装就位时垫入。

(2)校正垂直度及间距时，吊钩应基本卸载，但在屋架、桁架未固定前不得摘钩。起重机各项动作应平稳，不可猛起动或猛刹车。

(3)吊点必须设在节点上。

6. 屋面板吊装的安全要求

(1)对于有预埋吊环的屋面板，可直接用吊索端部吊钩钩住吊环吊起，吊钩开口必须朝上。

(2)对于没有预埋吊环的屋面板，可用兜索起吊。吊索与屋面板夹角，必须大于60°，可用铁扁担，防止兜索因受水平分力向屋面板的中间滑动造成事故。

(3)吊装偏心、上重下轻、细长的设备和构件，应及时紧固地脚螺栓，如果是二次灌浆的设备和构件，应采取可靠防倾斜的措施。

(4)吊装作业人员作业的操作平台应有搭设方案，临边应设置防护栏杆和封挂密目网。平台的脚手板应满铺，符合有关要求。

(5)构件多层堆放时，柱子不超过两层；梁不超过三层；大型屋面板、多孔板6～8层；钢屋架不超过三层。各层的支撑垫木应在同一垂直线上，各堆放构件之间应留不小于0.7m宽的通道。

重心较高的大型构件(如屋架、大梁)，除在底部设垫木外，还应在两侧设支撑，或将几榀大梁以方木铁丝将其联成一体，提高其稳定性，侧向支撑沿梁长度方向不得少于三道。墙板堆放架应经设计计算确定，并确保地面抗倾覆要求。

7. 拆除作业的一般安全要求

(1)拆除工程的建设单位与施工单位在签订施工合同时，应签订安全生产管理协议，明确双方的安全管理责任。建设单位、监理单位对拆除工程施工安全负检查督促责任；施工单位对拆除工程的安全技术管理负直接责任。

(2)建设单位应向施工单位提供以下资料：

①拆除工程的有关图纸和资料。

②拆除工程涉及区域的地上、地下建筑及设施分布情况资料。

(3)建设单位应负责作好影响拆除工程安全施工的各种管线的切断、迁移工作。当建筑外侧有架空线路或电缆线路时，应与有关部门取得联系，采取防护措施，确认安全后方可施工。

(4)施工单位应全面了解拆除工程的图纸和资料，进行实地勘察，按照国家和建设行政主管部门有关技术规范，编制施工方案和安全技术措施。

(5)拆除工程施工区域应设置硬质围挡，围挡高度不应低于1.8m，市区主干道两侧不应小于2.5m。非施工人员不得进入施工区。临街的被拆除建筑与交通道路应有一定的安全距离，当不能满足安全要求时，必须采取相应的安全隔离措施。

(6)施工单位应在拆除作业前检查建筑内各类管线情况，确认全部切断后方可施工。

(7)拆除施工应分段进行，不得垂直交叉作业。作业面孔洞应封闭。

(8)采用起重机械拆除建筑时,应从上至下,逐层、逐段进行。先拆除非承重结构,再拆除承重结构。对于只进行部分拆除的建筑,必须先将保留部分加固,再进行分离拆除。

(9)施工中必须由专人负责监测被拆除建筑的结构状态,并做好记录。当发现有不稳定状态时,必须停止作业,采取有效措施,消除隐患。

(10)机械拆除时,严禁超载作业或任意扩大使用范围,供机械设备使用的场地必须保证足够的承载力。作业中不得同时回转、行走。机械不得带故障运转。

(11)当进行高处拆除作业时,对较大尺寸的构件或沉重的材料,必须采用起重机及时吊下,拆卸下来的各种材料及时清理,分类堆放在指定场所,严禁向下抛掷。

(12)拆除框架结构建筑,必须按楼板、次梁、主梁、柱子的顺序进行施工。拆除大型构件时,必须采用绳索将其拴牢,待起重机吊稳后,方可进行气焊切割作业。吊运过程中,应采用辅助绳索控制被吊物处于正常状态。

8. 拆除作业的具体安全措施

(1)清除屋顶防水层。施工人员上下屋顶要走专用通道,不得赤脚或穿硬底易滑鞋作业。

(2)拆除屋面板。用起重机吊住屋面板四个吊环,如原有吊环严重锈蚀或损坏,则采取两根带子绳兜屋面板两端的吊装方法,气割焊缝要彻底清理干净。吊装时不得猛拽,用撬棍配合,等屋面板完全脱离屋架才允许起重机正常作业。拆除边缘的屋面板时,作业人员要挂好安全带,采取防滑措施。

(3)拆除圈梁及砖墙。用人工清理圈梁以上的砖墙,应事先搭设作业平台,且保证其强度满足安全要求。

(4)拆除折线屋架。用吊车挂好屋架吊装点,如果吊装点已经损坏或不能满足安全作业要求,应采用钢丝绳兜住吊装点附近的屋架节点,注意保护系杆。用气割割断屋架和混凝土柱的焊缝,确定完全割开后,拴好溜绳,平稳吊下。

(5)拆除行车梁。清除行车梁和混凝土柱接缝处的混凝土,割开连接角钢,用起重机吊住行车梁的吊点,气割开底部两侧焊缝,平稳吊下。

(6)吊柱子。先用起重机吊住柱子,防止柱基突然粉碎使柱子倾倒,然后爆破柱基,再将柱子吊离。

(7)从事爆破拆除工程的施工单位,必须持有关部门核发的《爆破物品使用许可证》,从事爆破拆除施工的作业人员应持证上岗。

第三节 施 工 机 具

一、一般规定

1. 对操作人员的安全要求

(1)操作人员应体检合格,无妨碍作业的疾病和生理缺陷,并应按有关规定经过专业培训、考核合格取得岗位证，持证上岗。学员应在专人指导下进行工作。

(2)操作人员在作业过程中，应集中精力正确操作，注意机械工况，不得擅自离开工作岗位或将机械交给其他无证人员操作。严禁无关人员进入作业区或操作室内。

(3)在工作中操作人员和配合作业人员必须按规定穿戴好个人劳动防护用品，长发应束紧不得外露。

(4)现场施工负责人应为机械作业提供道路、水电、机棚或停机场地等必备的条件，并消除对机械作业有妨碍或不安全的因素。夜间作业应设置充足的照明。

2. 对施工机具的一般安全要求

(1)机械上的各种安全防护装置及监测、指示、仪表、报警等自动报警、信号装置应完好齐全，有缺损时应及时修复。安全防护不完整或已失效的机械不得使用。

(2)在机械产生对人体有害的气体、液体、尘埃、渣滓、放射性射线、振动、噪声等场所，必须配置相应的安全保护设备和三废处理装置；在隧道、沉井、桩基基础施工中，应采取措施，使有害物限制在规定的限度内。

二、手持电动工具

1. 手持电动工具的一般安全要求

(1)使用刃具的机具，应保持刃磨锋利，完好无损，安装正确，牢固可靠。

(2)在潮湿地区或在金属构架、压力容器、管道等导电良好的场所作业时，必须使用双重绝缘或加强绝缘的电动工具。

(3)作业中，不得用手触摸刃具、模具和砂轮，发现其有磨钝、破损情况时，应立即停机修整或更换，然后再继续进行作业。

2. 使用冲击电钻、电锤的安全要求

(1)作业时应掌握电钻或电锤手柄，打孔时先将钻头抵在工作表面，然后开动，用力适度，避免晃动；转速若急剧下降，应减少用力，防止电机过载，严禁用木杠加压；

(2)钻孔时，应注意避开混凝土中的钢筋；

(3)电钻和电锤为40%断续工作制，不得长时间连续使用。

(4)作业孔径在25mm以上时，应有稳固的作业平台，周围应设护栏。

3. 使用切割机的安全要求

(1)作业时应防止杂物、沙尘进入电动机内，并应随时观察机壳温度，当机壳温度过高及产生碳刷火花时，应立即停机检查处理；

(2)切割过程中用力应均匀适当，推进刀片时不得用力过猛。当发生刀片卡死时，应立即停机，慢慢退出刀片，应在重新对正后方可再切割。

(3)切割刀片不得当作砂轮使用，操作时必须佩带防护眼镜，操作者应在侧面。

4. 使用角向磨光机的安全要求

(1)砂轮应选用增强纤维树脂型，其安全线速度不得小于80m/s。配用的电缆与插头应具有加强绝缘性能，并不得任意更换；

(2)磨削作业时，应使砂轮与工作面保持 15°～30°的倾斜位置；切削作业时，砂轮不得倾斜，并不得横向摆动。

5. 使用射钉枪的安全要求

(1)严禁用手掌推压钉管和将枪口对准人；

(2)击发时，应将射钉枪垂直压紧在工作面上，当两次扣动扳机，子弹均不击发时，应保持原射击位置数秒钟后，再退出射钉弹；

(3)在更换零件或断开射钉枪之前，射枪内均不得装有射钉弹。

6. 使用拉铆枪的安全要求

(1)被铆接物体上的铆钉孔应与铆钉轴配合，并不得过盈量过大；

(2)铆接时，当铆钉轴未拉断时，可重复扣动扳机，直到拉断为止，不得强行扭断或撬断；

(3)作业中，铆钉头或螺帽若有松动，应立即拧紧。

7. 使用砂轮机的安全要求

(1)使用砂轮的机具，应检查砂轮与接盘间的软垫并安装稳固，螺帽不得过紧，凡受潮、变形、裂纹、破碎、磕边缺口或接触过油、碱类的砂轮均不得使用，并不得将受潮的砂轮片自行烘干使用。

(2)砂轮的径向强度大，轴向强度较小，操作者用力过大会造成砂轮破碎，禁止侧面磨削。

(3)操作者应站在砂轮侧面，不准两个人同时使用一个砂轮。

(4)砂轮片应直接装在轴上，法兰直径应为砂轮片直径的 1/3～1/2。法兰与砂轮片之间必须有衬垫垫好。

(5)砂轮片装好后，要先点动检查，并经 5～10min 空运转，确认运转正常后才可以接触工件磨削。砂轮不圆、有裂纹不得使用。

(6)砂轮在运转中，操作人员不得面向砂轮旋转方向。

(7)砂轮机不准安装倒顺开关。

(8)操作时要戴眼镜，以防飞沙、火星伤眼，磨工件时不准戴手套；操作人员应站在砂轮两侧。

(9)磨工件时，应将工件缓慢接近砂轮片，不得用力过猛或进行撞击。

三、土石方机械

1. 土石方机械的一般安全规定

(1)土石方机械操作人员须严格按照本岗位安全操作规程作业。

(2)土石方机械在作业过程当中，严禁其他任何无关人员搭乘。

(3)在作业过程中，要做好井、坑等危险部位的安全防护。

(4)机械运行中，严禁接触转动部位和进行检修。在修理工作装置时，应将其降到最低位置，并应在悬空部位垫上垫木。

(5)严禁驾驶人员酒后驾车。

2. 土石方机械的主要种类

挖掘机、推土机、装载机、挖掘机、铲运机、自卸汽车、机动翻斗车、压路机。

3. 使用挖掘机的安全要求

(1)作业前，应查明施工场地明、暗设置物(电线、地下电缆、管道等)的地点及其走向，用明显记号标志。严禁在离电缆1m距离以内作业。

(2)作业前应进行检查，确认大臂和铲斗运动范围内无障碍无其他人员，鸣笛示警后方可作业。

(3)挖槽时，应按照安全技术交底要求放坡、堆土，严禁在机身下方掏挖，履带或轮胎应与沟槽边保持1.5m以上的安全距离。

(4)配合机械作业的清底、平地、修坡等人员，应在机械回转半径以外工作。当必须在回转半径以内工作时，应停止机械回转并制动好后方可作业。

(5)在作业和行走时，除驾驶室外挖掘机其他任何地方均严禁乘坐或站立人员。严禁靠近架空输电线路作业，机械与架空输电线路的安全距离应符合有关规定。

(6)作业时，各操纵过程应平稳，不宜紧急制动。铲斗升降不得过猛，下降时不得碰撞车架或履带。

(7)斗臂在抬高及回转时，不得碰到洞壁、沟槽侧面或其他物体。

(8)作业时，必须待机身停稳后再挖土，当铲斗未离开工作面时，不得做回转行走等动作。

(9)平整作业场地时，严禁用铲斗进行横扫或用铲斗对地面进行夯实。挖掘机在作业过程中不得用铲斗吊运物料。

(10)装车时，严禁车厢内有人。铲斗要尽量放低，不得碰撞汽车任何部分。在汽车未停稳或铲斗必须越过驾驶室而司机未离开前不得装车。

(11)利用铲斗将底盘顶起进行检修时，应使用垫木将抬起的轮胎垫稳，并用木楔将落地轮胎楔牢，然后将液压系统卸荷，否则严禁进入底盘下工作。

(12)操作人员离开驾驶室时，必须将铲斗落地并关闭发动机，挖掘机停放场地应平整坚实。

4. 使用推土机的安全要求

(1)推土机行驶前，严禁有人站在履带或刀片的支架上，机械四周应无障碍物，确认安全后方可开动。

(2)推土机向沟槽内推土时应设专人指挥。推铲不得越过沟槽边缘。

(3)除驾驶室外，推土机的任何部位严禁载人。

(4)双机、多机推土作业时，应设专人指挥。作业时，两机前后距离应大于3m，左右距离应大于1.5m。

(5)不得用推土机推石灰、烟灰等粉尘物料和用作碾碎石块的作业。

(6)需用推土机牵引重物时,应设专人指挥,危险区域内禁止人员停留。

(7)配合推土机作业者,必须与驾驶员协调配合。作业人员应站在机械运行前方5m或侧面1.5m以外,机械运行过程中,严禁人员上下。

(8)推土机上坡坡度不得大于25°,下坡坡度不得大于35°。在坡上横向行驶时,机身横向倾斜不得大于10°。在坡道上应均匀行驶,严禁高速下坡、急拐弯、空挡滑行。推土机在坡道上熄火时,应立即将推土机制动,并采取挡掩措施。

(9)操作人员离开驾驶室时,应将推铲落地并关闭发动机。

(10)保养、检修时必须放下推铲,关闭发动机。在推铲下面进行保养或检修时,必须用方木将推铲垫稳。

5. 使用装载机的安全要求

(1)装载作业应在平整地面进行。作业区内不得有障碍物或其他无关人员。

(2)向汽车斗内卸料时,严禁将料斗从驾驶室顶上越过,铲斗不得碰撞车厢,严禁车厢内有人。不得用铲斗吊运物料。

(3)在沟槽边缘卸料时,必须设专人指挥,装载机前轮应与沟槽边缘保持不少于2m的安全距离并设置档木。

(4)除规定的操作人员之外,装载机上不得搭乘其他人员,并严禁用铲斗载人。

(5)装载机转向架未锁闭时,严禁站在前后车架之间进行检修保养。

(6)操作手柄换向时,不应过急、过猛。满载操作时,铲斗不得快速下降。

(7)将大臂升起进行维护、润滑时,必须将大臂支撑稳固。严禁利用铲斗作支撑提升底盘进行维修。

(8)下坡应采用低速挡行进,不得空挡滑行。操作人员离开驾驶室前,必须将铲斗落地,停机制动。

(9)作业后,装载机应放在安全场地,铲斗平放在地面上,操纵杆置于中位,并制动锁定。

四、施工现场内机动车辆

施工现场内机动车辆的一般安全规定

(1)车辆的防护装置必须齐全、灵敏有效。

(2)在施工现场行驶时,应遵守现场的限速规定。无限速规定时,应根据现场道路及周围人员情况确定车速,但最大时速不得大于15km/h。

(3)在施工现场特别是有井、坑的地方进行倒车时,应有专人指挥,倒车前先鸣笛,确认安全后方可倒车。

(4)使用起重机、装载机、挖掘机等装卸车时,汽车驾驶员不得停留在驾驶室内。

(5)自卸汽车在沟槽边卸料时,应由专人指挥,卸料时汽车后轮距槽边不得小于1.5m,并设牢固挡掩,避免汽车冲入坑槽。

(6)配合挖掘机作业时，自卸汽车就位后应拉紧手动制动器，在铲斗必须越过汽车驾驶室时，驾驶室内不得有人停留。

(7)自卸汽车举升车厢检修、保养时，必须将车厢支撑牢固。

五、混凝土、砂浆搅拌机

使用混凝土、砂浆搅拌机的安全规定，可参见第二章第二节的“4. 混凝土搅拌机作业的安全要求”。

六、打夯机

使用打夯机的安全规定，可参见第二章第一节的“6. 蛙式打夯机作业的安全要求”。

七、混凝土振捣器

使用插入式振捣器应遵守的相关安全规定

(1)振捣器使用前必须由电工对各部位进行检查，确认无漏电后方可作业。

(2)振捣器不得放在初凝的混凝土、地板、脚手架、道路和干硬的地面进行试振。在检修或作业间断时，应断开电源。

(3)振捣器应保持清洁，不得有混凝土黏结在电动机外壳上妨碍散热。

(4)作业转移时，电动机的导线应保持有足够的长度和松度。电缆线上不得堆压物品或让车辆挤压，严禁用电缆线拖拉或吊挂振捣器。

(5)用绳拉平板振捣器时，拉绳应干燥绝缘，移动或转向时不得脚踢电动机。

(6)振捣器与平板应保持紧固，电源线必须固定在平板上，电器开关应装在手把上。

(7)振捣器应按规定进行保护接零和安装合适的漏电保护器。操作人员必须穿戴绝缘胶鞋和绝缘手套。

(8)作业后，必须做好清洗、保养工作。振捣器应放置在干燥处。

八、潜水泵

使用潜水泵的安全规定，可参见第二章第二节的“6. 潜水泵作业的安全要求”。

九、桩工机械

1. 桩工机械作业前的安全事项

(1)进行打桩作业前，应由施工技术人员向机组人员进行安全技术交底。

(2)施工现场应按地基承载力不小于83kPa的要求进行整平压实。在基坑和围堰周围内打桩，应配置足够的排水设备。安装时，应将桩锤运到桩架前方2m以内，不得远距离斜吊。

(3)打桩机作业区内应无高压线路，作业区应有明显标志或围栏，非作业人员不得入内。桩锤在施打过程中，操作人员必须在距离桩锤中心5m以外监视。

(4)机组人员登高检查或维修时，必须系安全带；工具和其他物件应放入工具包内，高空人员不得向下随意抛物。

(5)所有电力驱动桩工机械都应按照有关规定进行接零保护,并在其负荷线首端安装漏电保护器。

2. 桩工机械作业中的安全要求

(1)用桩机吊桩时,必须在桩上拴好拉绳,起吊 2.5m 以外的混凝土预制桩时,应将桩锤落在下部,待桩吊进后,方可提升吊锤。

(2)严禁吊桩、吊锤、回转或行走等动作同时进行。打桩机在吊有桩和锤的情况下,操作人员不得离开岗位。

(3)作业中,停机时间较长时,应将桩锤落下垫好,除蒸汽打桩机在短时间内可将锤担在机架上外,其他的桩机均不得悬吊桩和锤进行检修。

(4)遇有大雨、雪、雾和六级以上大风等恶劣气候时,桩机应停止作业。当风速超过七级或有强台风警报时,应将桩机顺风向停置,并增加缆风绳。必要时,应将桩机放倒在地面上。

(5)雷雨季节施工的桩机,应装避雷器,接地电阻应不大于 4Ω。

(6)使用柴油打桩机时,应检查所用紧固螺栓,特别是导向板的固定螺栓,不得在松动及缺件的情况下作业。

(7)作业时,桩机回转制动应缓慢,轨道式桩机不得向同方向连续回转两周。

(8)电锤严禁超载,应经常检查防坠落卡板的可靠性,当提升钢丝绳松弛时,卡板应伸出挂在滑道的横肋板上。

(9)作业后,应将桩锤放在已打入地下的桩头或地面垫板上,关闭油门,盖住汽缸口和进排气孔,将操纵杆置于停机位置,锁住安全限位装置。

(10)使用蒸汽打桩机,操作卷扬机进行吊桩、吊锤时,中途停车应用滚筒棘轮制动。汽锤吊到高处,必须将锤固定后,方可进行吊桩作业。

(11)桩机移动时必须先将汽锤落下,左右缆风绳应有专人操作,同步收放,严禁将锤吊在顶部移动桩机。电动打桩机移动时,电缆应有专人移动,弯曲半径不得过小,不得强力拖拉,防止履板碾压。

(12)作业中,吊锤用的制动环钢丝绳要经常检查,环与绳的连接必须牢固。

(13)振动桩锤作业前应检查电机绝缘电阻不得小于 0.5MΩ,达不到要求时,应采取措施进行干燥处理。

(14)起动振动锤时,电压应稳定,发现问题应及时查明原因,不得强行起动。

(15)雨天施工,电机应有防雨措施。作业完毕后,应切断电源,对操纵箱等电器部分进行防雨遮盖。

(16)螺旋钻孔器的电机应有过载保护装置。钻孔时,严禁用手清除螺旋片的泥土,发现紧固螺栓松动后,应停机重新紧固后方可继续作业。

(17)钻机作业过程中,电缆应有专人负责收放,如遇停电,应将各控制器放置零位,切断电源。电动机和控制箱应有良好的接地装置。

3. 桩工机械作业后的安全要求

成孔后，必须采取措施将孔口加以防护，防止发生人员坠落事故。

十、电焊机

1. 电焊机安装时的安全要求

(1)电焊机安装时应做好防雨措施，以免受潮。一次线长度不应超过 5m，二次线应不大于 30m，二次线易采用 YHS 型橡支护套铜芯软线，接头不得超过 3 处。不得使用绝缘老化的二次线。一、二次接线柱处应加防护罩。严禁利用建筑物的金属结构、管道、轨道或其他金属物体搭接起来形成焊接回路。

(2)电焊机外壳必须设有可靠的保护接零，必须定期检查电焊机的保护接零线。接线部分不得腐蚀、受潮及松动。

(3)电焊机必须设置单独的电源开关。电焊机的配电系统开关、漏电保护装置等必须灵敏有效，开关箱内必须装设二次空载降压保护器，导线绝缘必须良好。电焊机的绝缘检查、接线、装设开关必须由电工完成。

(4)电焊机安放在通风良好、干燥、无腐蚀介质、远离高温高湿和多粉尘的地方，露天使用的焊机应设防雨棚。

2. 电焊作业的安全要求

(1)作业前应检查焊机、线路、焊机外壳保护接零等，确认安全后方可作业。电焊作业现场周围 10m 范围内不得堆放易燃易爆物品。

(2)作业时应穿戴防护服、绝缘鞋、电焊手套、防护面罩、护目镜等防护用品，高处作业时须系好安全带。

(3)在易燃易爆气体或液体扩散区域内、承压状态的压力容器及管道、带电设备、装有易燃易爆物品的容器内以及受力构件上严禁焊接或切割。严禁在已喷涂过油漆和塑料的容器内焊接。雷雨时禁止露天焊接。

(4)施焊地点潮湿时，焊工应站在干燥的绝缘板或胶垫上作业，配合人员应穿绝缘鞋或站在绝缘板上。绝缘鞋的绝缘情况应定期检查。

(5)严禁用拖拉电缆的方法移动焊机，移动焊机时必须切断电源。焊接中途突然停电，必须立即切断电源。

(6)高空焊接或切割时，必须系好安全带，焊接周围和下方应采取防火措施，并应设专人监护。

(7)当清除焊缝焊渣时，应戴防护眼镜，头部应避开敲击焊渣飞溅方向。

十一、气焊与气割(器具)

1. 氧气瓶和乙炔瓶在使用和储存中应注意的安全事项

(1)氧气瓶和乙炔瓶应有明显的标志，氧气瓶表面涂天蓝色并设有黑色“氧气”字样，乙炔瓶瓶体一般为白色，并标有红色“乙炔”和“不可近火”字样。

(2)氧气瓶应设有防震圈和安全帽，并应与其他易燃气瓶、油脂和易燃、易爆物品分别存放，且不得同车运输。

(3)氧气瓶严禁在阳光下曝晒和沾染油脂，软管接头不得采用铜质材料制作，夏天露天作业时，应搭设防晒罩、棚。距明火的距离不得小于10m，与乙炔瓶的距离不得小于5m。

(4)气瓶与电焊机在同一作业地点使用时，瓶底应垫上绝缘物，防止气瓶带电。与气瓶接触的管道和设备应有接地装置，防止产生静电造成燃烧和爆炸。

(5)严禁铜、银、汞等制品与乙炔接触，必须使用时，铜合金的含铜量要低于70%。

(6)乙炔瓶在使用和储存时，必须直立，并必须采取防止倾斜的措施，不得横放，以防丙酮流出，引起燃烧或爆炸。

(7)氧气橡胶软管应为红色，乙炔橡胶管应为黑色。不得将橡胶软管放在高温管道和电线上，或将重物及热对象放在软管上，且不得将软管与电焊用的导线敷设在一起。软管经过车行道时，应加护套或盖板。

(8)乙炔瓶与热源的距离不得小于10m，严禁在阳光下曝晒，乙炔瓶表面温度一般不得超过40℃。

(9)气瓶着火时应用干粉或二氧化碳灭火器，严禁用泡沫、四氯化碳灭火器或水灭火。

2. 点燃焊(割)炬的操作顺序

点燃焊(割)炬时，应先开乙炔阀点火，再开氧气阀调整火焰。关闭时，应先关闭乙炔阀，再关闭氧气阀。未安装减压器阀的氧气瓶严禁使用。

十二、钢筋加工机械

1. 钢筋机械作业前的安全准备工作

(1)钢筋机械应选择坚实平整的地面，放置平稳。非作业人员禁止进入施工现场。

(2)作业前必须检查机械设备、工作环境、照明设施等，确认符合安全要求后方可作业。

(3)机械作业时，操作人员不得戴手套，女工作业时长发不得露在外面，并应戴好工作帽。作业过程中严禁进行检修、加油或更换部件等。

(4)机械的链条、齿轮和皮带等传动部分，必须安装防护罩或防护板。

(5)钢筋机械要做好接零或接地保护，安装漏电保护器。

(6)室外作业时要搭设机棚，未搭机棚时应有防雨措施，机械四周开挖排水沟。机旁应有堆放原料、半成品的场地。钢筋余料不得随地乱扔。

2. 钢筋机械作业的安全要求

(1)钢筋加工机械作业时，电源线、负荷线宜穿管埋地敷设，严禁电线在地上随意拖拽，防止钢筋在加工或搬运过程中将电线划破，发生事故。

(2)电气控制箱与机械的水平距离不得超过3m,操作按钮要防雨防潮。

(3)使用钢筋切断机前必须检查刀片是否完好,有无裂痕,不符合要求及时更换,固定刀片的螺栓必须紧固。操作者只准握住操作者一端的钢筋,不得同时用双手握住钢筋的两端剪切。

禁止剪切直径超过机械规定的钢筋,多根钢筋同时剪切时,换算后不得超过机械规定得截面。切断短料时,手握一段的长度不得小于400mm,靠近刀片的手与刀片之间的距离保持在150mm以上,如手握一端的钢筋长度小于300mm时,必须用套管压住钢筋短头,防止剪切时翘起打人。

(4)切断较长钢筋时,应有专人扶钢筋,扶钢筋的人与操作人员动作应一致,并听从其指挥,不得任意拖拉。

(5)切断机运行中,严禁用手直接清除道口附近的断头筋和其他杂物,切断机周围非操作人员不得停留,防止钢筋断头飞起伤人。

(6)钢筋弯曲机工作时,弯曲钢筋的旋转半径和机械不设固定销的一侧不准站人,弯曲好的半成品应堆放着整齐,弯钩不得向上。更换转盘上固定销或弯曲销时,应切断电源,停止转动后才能更换。

(7)钢筋机械作业完毕,应切断电源并锁好开关箱门。

3. 冷拉钢筋时的安全要求

(1)弯曲未经冷拉或带有锈蚀的钢筋时,操作人员应戴好防护眼镜和口罩,作业过程中不得用手清除金属屑。

(2)冷拉钢筋时,冷拉机的夹具必须完好,以防工作中打滑。操作前,滑轮、拖拉小车均应润滑灵活,拉钩、地锚及防护装置齐全牢固,待确认良好后,方可作业。

(3)冷拉场地应在两端地锚外侧设置警戒区,并应安装防护栏及警告标志。无关人员不得在此停留。操作人员在作业时必须离开钢筋2m以外。卷扬机与冷拉设备之间距离不得小于5m。

(4)冷拉钢筋时,卷扬机和冷拉钢筋两端必须装设防护板。卷扬机运转时,严禁人员靠近冷拉钢筋和牵引钢筋的钢丝绳。

(5)夜间作业时,照明设施应在张拉危险区外。当需要装设在场地上空时,其高度应超过5m,灯泡应加防护罩。

4. 使用调直机的安全要求

(1)使用调直机时,工作前必须检查主要部件的连接螺栓是否紧固,转动部位加好润滑油,机械上不得堆放物料和工具,工作前应空转试车,运转正常后在开始工作,运转中发现传动部分不正常或有杂音,应立即停机检查,排除故障方可使用。送钢筋时,手与轧辊应保持安全距离,机械运转过程中不得调整轧辊,严禁戴手套作业。

(2)调直作业中,机械周围不得有无关人员,严禁跨越牵引钢丝绳和正在调直的钢筋。钢筋调直到末端时,作业人员必须与钢筋保持安全距离。料盘中钢筋将要用完时,应采取措施防止断头弹出。

5. 使用预应力钢丝拉伸设备的安全要求

(1)作业场地两端外侧应设有防护栏杆和警告标志。

(2)作业前应检查被拉钢丝两端的镦头,当有裂纹或损伤时应及时更换。

(3)高压油泵起动前,应将各油路调节阀松开,再开动油泵,待空载运转正常后,再紧闭回油阀,拧开进油阀,待压力表指示值达到要求,油路无泄漏,确认正常后,方可作业。高压油泵停止作业时,应先切断电源,再将回油阀缓慢松开,待压力表回至零位时,方可卸开通往千斤顶的油管接头,使千斤顶全部卸荷。

(4)张拉时,两端不得站人。拉伸机在有压力的情况下,严禁拆卸液压系统的任何零件。在测量钢丝的伸长时,应先停止拉伸,操作人员必须站在侧面操作。在张拉时,不得用手摸或脚踩钢丝。

十三、木工机械

1. 木工机械的工作环境及安全装置

(1)木工机械应搭设操作棚,工作场所应备有齐全可靠的消防器材,严禁在工作场所吸烟和有其他明火,不得存放易燃易爆物品。

(2)施工现场严禁使用多功能木工机械。严禁在机械运行中测量工件尺寸和清理机械上面和底部的木屑、刨花。

(3)运行中不得跨过机械传动部分传递工件、工具等。排除故障、拆装刀具时必须待机器停稳后,切断电源,方可进行。操作人员与辅助人员应密切配合,以同步匀速推送工件。严禁戴手套操作。

(4)圆盘锯应有锯盘护罩、分料器、防护挡板等安全装置。平刨应安装护手安全装置。

2. 使用木工机械时的安全要求

(1)操作人员不应站在与锯片同一直线上操作,手臂不得跨越锯片工作。锯料时不得将木料左右晃动或高抬,遇木节要缓慢送料。锯料长度应不小于500mm。

(2)使用平刨时,手应按在料的上面,手指离开刨口50mm以上,严禁用手在后端送料跨越刨口。

(3)木料厚度小于20mm,长度小于400mm的短料不得在平刨上进行刨削。

(4)机械运转时,手不得伸进安全挡板里侧,严禁戴手套操作。

第四节 商品混凝土搅拌、运输及现场输送

一、商品混凝土搅拌

1. 商品混凝土搅拌前的安全准备工作

(1)商品混凝土搅拌设备——混凝土搅拌站(楼)的基础要牢固,满足承载要求;搅拌站(楼)安装时,应由专业人员按出厂说明书规定进行,并应在技术人员主持下,

组织调试，在各项技术性能指标全部符合规定，并经验收合格后方可投产使用。

(2)作业前，应检查搅拌主机的搅拌臂及叶片等固定无松动，主机仓盖应盖好；搅拌筒内和配套机构的传动、运动部位及各仓门、斗门轨道等均无异物卡住；所有卸料门启闭应灵活可靠；检查各输送带张紧度适宜，不跑偏；检查电气装置安全可靠，各行程开关、限位动作应灵敏可靠。

(3)操作人员在确认没有维修人员在危险区内检修时再开机，且开机前应鸣铃三次并等待3min。

(4)起动时机组各部分应逐步启动，观察各部件运动情况和各仪表指示情况，一切正常后方可开始作业；冬季应将皮带输送机空转5min以除去冰霜，防止打滑。

2. 商品混凝土搅拌作业的安全要求

(1)作业中不得进行设备检修；任何人不得站在皮带输送机机架上或皮带上，也不得跨越皮带；不得打开主机盖将头伸入探望或将手及工具伸入料斗或搅拌筒内探摸。

(2)工作中，混凝土储料斗及输送皮带的下方不得站人。

(3)搅拌站各机械不得超载作业，若发现电动机运转声音异常或温升过高时，应立即停机检查；电压过低时不得强制起动。

3. 设备维修时的安全要求

(1)进行设备检修时，尤其是进入搅拌主机内维修和清洁及在皮带机上作业时，必须先断掉电源，锁好闸箱并设专人看管，不得离开；检修气路系统前，必须先卸掉系统压力，以防发生意外安全事故。

(2)维修时严禁无关人员进入维修施工区域的下面，同时工具及各零部件务必放置牢固，以防坠落伤人或摔坏零部件。

(3)应经常检查电气系统绝缘是否良好，接地是否可靠，要求接地电阻不大于4Ω，若周围无高大建筑物则必须在水泥仓上设避雷装置。

二、混凝土运输

1. 商品混凝土运输前的安全准备工作

(1)混凝土搅拌运输车司机必须经过安全及混凝土知识培训，并严格按说明书操作规程操作；司机要认真遵守交通规则，严禁酒后驾车及疲劳驾驶。

(2)作业前司机应检查燃油、润滑油、液压油、制动液、冷却水等数量是否充足；信号和照明系统、制动系统及其他安全装置应齐全有效；轮胎气压应充足；搅拌罐、机架等应无裂纹开焊等缺陷或损伤；传动轴螺栓、轮胎螺栓及其他各紧固件应紧固无松动。

(3)起动发动机后应进行必要的预热运转，待各仪表指示值正常、制动气压达到正常值后方可装料。

(4)运输前，排料槽应锁止在“行驶”位置，不得自由摆动；应将操作手柄放在“进料搅拌”位置并将驾驶室内的防逆转手柄锁定，以防反转排料。

2. 商品混凝土运输过程中及车辆保养的安全要求

(1)运输中，搅拌罐应低速旋转。在平坦路面行驶时要注意控制车速，市区车速不超过50km/h，注意保持与前、后车的距离，尽量避免急刹车和骤然加速，拐弯时要及早减速，车速不应超过15km/h，严禁急转弯，以防倾翻，并应主动避让行人及其他车辆；在不平路面应降低车速行驶，车速不应超过15km/h，在通过桥洞、门口等设施时，应注意限高和宽度，遇有低矮线路更应注意能否通过，以防发生意外安全事故。

(2)禁止让与生产无关人员搭乘车辆，严禁装载其他物件等。

(3)对新开工地及有基坑的工地，在混凝土搅拌运输车进入前，调度及车队负责人员必须对现场进行踏察，并向现场人员了解道路情况，依据具体情况对司机进行交底。

(4)司机到达工地后应注意观察路况，要探明地下深坑、沟槽及工地临时架线高度等情况，与建筑物基坑保持适当的安全距离，并小心低速行驶，车速不应超过5km/h；在工地倒车时，必须摇下车门玻璃，注意观察车后情况，确认车后无人并且旁边有人指挥时再倒车，车辆就位后要在后轮后边塞牢枕木并给上手制动，否则严禁有人进入搅拌运输车和泵车(或拖泵)之间的危险区域作业，以防溜车伤人。

(5)对车辆进行维修保养时，尤其需进入搅拌罐内清除混凝土结块时，必须先取下发动机电门钥匙，锁好车门并在搅拌罐外设专人监护。

三、混凝土现场输送

1. 混凝土拖泵输送的安全要求

(1)混凝土泵设置时应与地沟、斜坡及建筑物基坑边缘保持适当的距离；混凝土泵应安放在平整、坚实的地面上，周围不得有障碍物，在放下支腿并调整高度后应使机身保持平稳，并用支腿插销牢固固定支腿；行走轮胎应离地，若长期不动泵机位置可卸下轮胎。

(2)混凝土泵固定以后，应搭设机棚进行防护，且机棚应牢固并留设倒车位置。

(3)混凝土泵出口应接厚臂管，泵送管道应有支撑固定牢固，各管路必须保证连接牢固、稳定，弯管处加设固定的支撑点，以免泵送时管路产生摇晃、松脱甚至伤人。

(4)混凝土输送泵管的支撑固定要与结构连接，严禁同外架子连接，以免对整个架体产生振动。

(5)要及时更换磨损严重的泵管。

(6)不能用软管当弯头使用，严禁泵送时过分弯曲软管，以防堵塞管路造成危险事故。

(7)起动前，检查电源电压是否正常，电路系统绝缘及接地是否良好。起动后，应先空载运转，检查电机转向是否正确，观察各仪表的指示值，检查泵和搅拌装置的运转情况，料缸换向是否正常，确认一切正常后，方可作业。若混凝土泵用柴油发动机作为动力，则需检查燃油、润滑油、冷却液等数量是否充足，发动机空运转是否正常。

(8)泵送作业中，料斗上方的保护格网不得随意移动；料斗内的混凝土不得低于搅拌轴，以防吸空和无料泵送造成混凝土飞溅。

(9)泵送作业中，严禁将手和铁锨伸入料斗及水箱探摸或用手抓握换向C阀或S阀。

(10)不得随意调整液压系统压力；泵送时，不得开启任何输送管道和液压管道，以防喷射出的混凝土或液压油伤害眼睛及皮肤；不得调整和修理正在运转中的部件。

(11)进行设备维修和剔除料斗内已凝结的混凝土时，必须断掉电源，锁好闸箱。

(12)若混凝土泵与混凝土布料杆配套使用，则布料杆支腿必须固定牢靠，布料杆机身应加缆风绳，以防倾覆伤人及损坏设备。

(13)混凝土泵送过程中，与施工无关人员要尽可能远离输送管道，最低距离应大于5m。

(14)在安拆混凝土泵管过程中，泵管及管卡务必要放置牢固，以防坠落。

2. 混凝土泵车输送的安全要求

(1)混凝土泵车司机必须认真遵守交通规则，严禁违章驾驶；泵工必须严格按说明书操作规程操作。

(2)作业前司机应检查燃油、润滑油、液压油、制动液、冷却水等数量是否充足；信号和照明系统、制动系统、转向器及其他安全装置应齐全有效；轮胎气压应充足。

(3)在平坦路面行驶时要注意控制车速，重车时不得超过50km/h，注意保持与前、后车的距离，尽量避免急刹车和骤然加速，拐弯时要及早减速，并应主动避让行人及其他车辆；在不平路面应降低车速行驶，车速不应超过15km/h，在通过地下通道、桥梁和隧道，或通过有管线的下方及大门口时，应注意限高和宽度，以防卡滞。

(4)泵车进入工地前应先踏查路况，必须满足行驶要求；在工地倒车时，必须摇下车门玻璃，狭小场地应有专人指挥，注意观察车后情况；泵车就位地点应平坦坚实，周围无障碍物，上空无高压线；泵车不得停放在斜坡上，并始终与建筑物槽坑和斜坡的边缘保持适当的安全距离。

(5)泵车就位伸展支腿时，严禁有人站立在支撑腿向外转动或伸缩的危险区域，以防挤伤；泵车就位后应保持机身的水平和稳定，当用布料杆送料时，机身倾斜不得大于3°。

(6)作业前应检查料斗上方的保护格网完好并盖好，输送管路连接必须牢固。

(7)严禁用布料杆起吊或拖拉推动物体，或在布料杆上装起吊工具，以防布料杆超载引起损坏及伤害有关人员。

(8)泵工操作布料杆时，必须注意保持与周围障碍物包括架空电缆、高压线等有足够的安全距离，注意在工作场地上移动的设施如塔吊吊钩的动向，以防碰撞或发生其他意外事故，严禁让布料杆撞击障碍物，不能用力撕拉被夹住的尾胶管。

(9)当布料杆第1、2、3节臂垂直而第4节臂水平时，严禁使用尾胶管作业，以防倾翻。

(10)泵送作业中料斗内的混凝土面不得低于搅拌轴，以防吸空和无料泵送造成混凝土飞溅伤人。

(11)泵送时绝对不能折弯尾胶管使用，也不得使用加长尾胶管，尾胶管上应拴上防脱安全带，且应用软绳控制尾胶管，不得用身体和手直接控制，以免因尾胶管晃动或堵管爆裂伤人；严禁将手和铁锹伸入搅拌器料斗内及水箱探摸或用手抓握换向C阀或S阀，以防发生伤害；只有在尾胶管完全排空时，布料杆才能在有人的上方转动，否则严禁在有人的上方转动以防掉落的混凝土伤人。

(12)作业过程中，无关人员应远离布料杆5m以外，且布料杆下严禁站人。

(13)严禁在布料杆未折叠状态驾驶车辆，以防倾翻；当风力在六级以上时，不得使用布料杆输送混凝土。

(14)严禁在带压状态下打开输送管路或液压管路，以防喷射出的混凝土或液压油伤害眼睛、皮肤或身体其他部位。

(15)只有在布料杆得到充分适当的支撑时才能对布料杆进行维修作业，尤其检修液压琐时更应支牢，否则会导致布料杆下落而发生砸伤事故。

第五章　土建工程各分项施工的安全知识

第一节　砌筑工程

一、砌筑工程的一般安全规定

(1)砂浆搅拌机的安全规定要符合有关机械安全规定。

(2)砖、石、小型砌块等,砌筑前应在地面上用水淋湿,不应将砌块运到操作地点时才进行淋湿,以免造成场地湿滑。

(3)雨季施工不得使用过湿的砌块,以避免砂浆流淌,影响砌体质量,雨后继续施工时,应复核砌体垂直度。

(4)雨季施工要做好防雨措施,严防雨水冲走砂浆,造成砌体倒塌。

(5)车子运输砖、石、砂浆等材料时应注意稳定,不得猛跑,前后车距离不少于2m;在坡度上行车,两车距离应不少于10m。禁止并行或超车。所载材料不许超出车之上。

(6)使用物料提升机运送物料时,应遵守物料提升机有关规定。吊运时不得超载,使用过程中经常检查。若发现有不符合规定者,应停止作业及时处理。

(7)用起重机吊运砖时,应采用砖笼。吊运砂浆的料斗不能装得过满。吊钩要扣稳,要待吊物下降至离楼地面1m以内时,人员才可靠近。扶住就位,人员不得站在建筑物的边缘。吊运物料时,吊臂回转范围内的下面不得有人员行走或停留。

(8)严禁用抛掷方法传递砖、石等材料,如用人工传递时,应稳递稳接,上下操作人员站立位置应错开。

(9)操作地点临时堆放用料时,要放在平整坚实的地面上,不得放在湿滑积水或泥土松软崩裂的地方。放在楼板或桥道时,不得超过其设计荷载能力,并应分散堆置,不得过分集中。基坑边1m以内不准堆料。

(10)外脚手架安装要符合有关规定。如采用活动式里脚手架,其间距不得超过1.5m,对于轻质墙、半砖墙、18墙及宽度小于740mm窗间墙,禁止使用半马凳式里脚手架。不准用不稳定的工具或物体在脚手板上面垫高操作,更不应在未经设计和加固的情况下,在一层脚手架上再叠加一层。上下脚手架应走斜道。

二、砌砖施工的安全要求

(1)基础砌砖时,应经常注意和检查基坑土质变化情况,有无崩裂和塌陷现象。操作人员应设梯子上下基坑,不应攀爬坑壁和踩踏砌体上下。

(2)基坑边堆放材料距离坑边不得少于1.5m还应按土质地坚硬程度确定。当发现土质出现水平或垂直裂缝时，应立即将材料搬离并进行基坑壁的加固处理。

(3)当在坑内工作时，操作人员必须戴好安全帽。操作地段上要有明显标志，警示基坑内有人作业。

(4)脚手架站脚处的高度，应低于已砌砖的高度。

(5)不准站在墙上做画线、称角、清扫墙面等工作。

(6)砖垛上取砖时，应先取高处后取低处，防止垛倒砸人。

(7)砍砖时应面向内打，防止砖碎弹出伤人。

(8)砌砖在一层以上或高度超过 3.2m 时，若建筑物外边没有架设脚手架，则应支设安全网或护身栏杆。

(9)砌砖使用的工具、材料应放在稳妥的地方，工作完毕应将脚手板或砖墙上的碎砖、灰浆等清扫干净。防止掉落伤人。

三、砌石施工的安全要求

(1)砌石施工有关基础、墙身砌筑的安全要求可参见“砌砖施工的安全要求”。

(2)搬运石料前，应检查搬运工具绳索是否牢靠。石料要拿稳放牢。用车子或筐运送时，不应装得过满，防止滚落伤人。

(3)用手推车运石料时，应掌握车的重心，装车先装后面，卸车先卸前面，装车不得超载。

(4)用绳缆抬石，应用双缆，不应用单缆，并且有缆的一面向人，前后两人要互相呼应、互相照顾、步伐一致。

(5)往坑槽运石料，应用或吊运，下方不准有人。

(6)打锤前先检查锤头有无裂痕，锤柄是否牢靠。要按照石纹走向落锤，锤口要平，落锤要准。落锤要选择方向，看清附近情况，有无危险，方可落锤，以防止伤人。

(7)开尖操作前应检查铁尖、大锤等有无裂痕，是否牢固；如有问题修理后才可以使用。铁尖要用小麻绳栓紧，操作时用脚踩实麻绳，以防铁尖飞出伤人。

(8)在脚手架上砌石，不得使用大锤，修整石块时要戴防护眼镜，不准两人对面操作。操作时，应戴厚帆布防护手套。

(9)工作完毕，应将脚手板上的石渣碎片清扫干净。

四、中、小型砌块施工的安全要求

(1)砌块施工宜组织专业小组进行。施工人员必须认真执行有关安全技术规程和本工种的操作规程。

(2)吊装砌块和构件时应注意其重心位置，禁止用起重拔杆拖运砌块，不得起吊有破裂脱落危险的砌块。起重拔杆回转时，严禁将砌块停留在操作人员的上空或在空中整修、加工砌块。吊装较长构件时应加稳绳。吊装时不得在其下一层楼内进行任何工作。

(3)堆放在楼板上的砌块不得超过楼板的允许承载力。

(4)安装砌块时，不准站在墙上设置支撑、缆绳等。在施工过程中，对稳定性较差的窗间墙、独立柱应加稳定支撑。

(5)当遇到下列情况时，应停止吊装工作。

①因刮风，使砌块和构件在空中摆动不能停稳时。

②噪声过大，不能听清指挥信号时。

③起吊设备、索具、夹具有不安全因素而没有排除时。

④大风、大雾或照明不足等情况时。

第二节 钢筋工程

一、钢筋运输与堆放的安全要求

(1)人工搬运钢筋时，步调要一致。当上下坡或转弯时，要前后呼应，步伐稳慢。注意钢筋的两端摆动，防止碰撞物体或打击人身，特别防止碰挂周围和上下的电线。上肩或卸料时要互相打招呼，注意安全。

(2)人工垂直传递钢筋时，送料人应站立在牢固平整的地面或临时构筑物上，接料人应有护身栏杆或防止前倾的牢固物体，必要时挂好安全带。

(3)机械垂直吊运钢筋时，应当捆扎牢固，吊点应设在钢筋束的两端。有困难时，才在该束钢筋的重心处设吊点，钢筋要平稳上升，不得超重起吊。

(4)起吊钢筋时下方不得站人，待钢筋骨架降落至地面或安装标高 1m 以内，人员方准靠近操作，待就位放稳或支撑好后，方可摘钩。

(5)临时堆放钢筋，不得过分集中，应考虑支撑架的承载能力。在新浇筑楼板混凝土强度尚未达到 1.2MPa 前，严禁堆放钢筋。

(6)钢筋切勿碰触电线，钢筋严禁靠近高压线路，钢筋与电源线路应符合安全距离的要求。

二、钢筋加工时的安全要求

(1)钢筋除锈时，操作人员要戴好防护眼镜、口罩、手套等防护用品，并将袖口扎紧。

(2)电动除锈时，应先检查钢丝刷固定有无松动，检查封闭式防护罩装置、吸尘设备和电气设备的绝缘及接地是否良好等情况，防止发生机械和触电事故。

(3)送料时，操作人员要侧身操作，严禁在除锈机的正前方站立；长料除锈要两人操作，互相呼应，紧密配合。

(4)展开盘圆钢筋时，要两端卡牢，切断时要先用脚踩紧，防止回弹伤人。

(5)拉直调直时，卡头要卡牢，地锚要结实牢固，拉筋沿线 2m 区域内禁止行人。

(6)切断钢筋时，应用钳子夹牢，铁钳手柄不得短于 500mm，禁止用手把扶，并在外侧设置防护箱笼罩。

(7)弯曲钢筋时，要紧握扳手，要站稳脚步，身体保持平衡，防止钢筋折断或松脱。

(8)钢材、半成品等应按规格、品种分别堆放整齐，制作场地要平整。工作平台要稳固，照明灯具必须加网罩。

三、钢筋冷处理的安全要求

(1)冷拉卷扬机前应设置防护挡板。操作时要站在防护挡板后，冷拉场地不准站人和通行。

(2)冷拉钢筋要上好夹具，离开后再发开机信号。发现滑动或其他问题时，要先行停机，放松钢筋后，才能重新进行操作。

(3)冷拉钢筋要严格按照规定应力和伸长率进行，不得随意变更。不论拉伸或放松钢筋都应缓慢均匀，发现异常，立即停止拉伸。

(4)张拉钢筋，两端应设置防护挡板，钢筋张拉后要加以防护，禁止压重物或在上面行走。浇灌混凝土时，要防止震动器冲击预应力钢筋。

(5)千斤顶支脚必须与构件对准，放置平正，测量拉伸长度、加楔和拧紧螺栓应先停止拉伸，并站在两侧操作，防止钢筋断裂，回弹伤人。

(6)同一构件有预应力和非预应力钢筋时，预应力钢筋应分二次张拉，第一次拉至控制应力的 70%～80%，待非预应力钢筋绑好后再拉到规定应力值。

四、钢筋焊接的安全要求

(1)工作前必须对电气设备、操作机构和冷却系统等进行检查，并用试电笔检查机体外壳有无漏电。

(2)焊机应放在室内和干燥的地方，机身要平稳牢固，周围不准放置易燃物品。

(3)操作人员操作时，应戴防护眼镜、穿绝缘鞋、戴手套等防护用品，并应站在橡胶板或木板上，严禁坐在金属椅子上。

(4)焊接前，应根据钢筋截面调整电压，使与所焊钢筋截面相适应，禁止焊接超过机械规定的直径的钢筋。发现焊头漏电，禁止使用，立即更换。

(5)对焊接断路器的接触点，电极，要定期检查修理。断路器的接触点一般每隔 2～3 天应用砂纸擦净，电极应定期锉光。二次电路的全部螺栓连接处应定期拧紧，以避免发生过热现象。注意冷却水的温度不得超过 40℃。

(6)焊接较长钢筋时，应设支架。

(7)刚焊成的钢材，应平直放置，以免冷却过程中变形。堆放地点不得在易燃物品附近，并要选择无人来往的地方或加设护栏。

(8)工作棚应用防火材料搭设。棚内严禁堆放易燃。易爆物品，并备有灭火器材。

(9)钢筋工程使用的机械安全要求同有关机械安全技术要求。

五、钢筋绑扎与安装的安全要求

(1)绑扎基础钢筋时，应按照施工设计规定摆放钢筋支架或马凳，架起上部钢筋，不得任意减少支架或马凳。

(2)操作前应检查基坑土壁和支撑是否牢固。

(3)绑扎柱、墙钢筋，不得站在钢筋骨架上操作和攀登骨架上下。柱筋在 4m 以内,重量不大,可在地面或楼面上绑扎,整体竖起。柱筋在4m以上时,应搭设工作台。柱、墙、梁骨架,应用临时支撑拉牢,以防倾倒。

(4)高处绑扎和安装钢筋,注意不要将钢筋集中堆放在模板或脚手架上,特别是悬臂构件应检查支撑是否牢固。

(5)应尽量避免在高处修整、扳弯粗钢筋,在必须操作时,要系好安全带,选好位置,人要站稳。

(6)在高处、深坑绑扎钢筋和安装骨架,必须搭设脚手架和马道,无操作平台时应系好安全带。

(7)绑扎高层建筑的圈梁、挑檐、外墙、边柱钢筋,应搭设外脚手架或安全网,绑扎时要系好安全带。

(8)安装绑扎钢筋时,钢筋不得碰撞电线,在深基础或夜间施工,需使用移动式行灯照明时,电压不应超过36V。

第三节 普通混凝土工程

一、原材料运输和堆放的安全要求

(1)取水泥时必须逐层按顺序拿取。

(2)用手推车运输水泥、砂、石子,不应高出车斗。

(3)临时堆放备用水泥,不应堆叠过高,如堆放在平台上时,应不超过平台的容许承载能力。叠垛要整齐平稳。

(4)运输通道要平整,并保持清洁,及时清除落料和杂物。

(5)上下斜坡时,坡度不应太陡,坡面应采取防滑措施,在必要时坡面设专人帮助推车。

(6)车子向搅拌机料斗卸料时,不得用力过猛和撒把,防车翻转,料斗边沿应高出落料平台100mm左右为宜,过低的要加设车挡。

二、混凝土搅拌的安全要求

(1)搅拌机的操作人员,应经过专门技术和安全规定的培训,并经考试合格后,方能正式操作。

(2)搅拌机使用应符合混凝土搅拌机使用安全要求。

(3)向搅拌机料斗落料时,脚不得踩在料斗上;料斗升起时,料斗的下方不得有人。

(4)清理搅拌机料斗坑底的砂、石时,必须与司机联系,将料斗升起并用链条扣牢后,方能进行工作。

(5)进料时严禁将头、手伸入料斗与机架之间察看或探摸进料情况,运转中不得用手、工具或物体伸进搅拌机滚筒内抓料出料。

三、混凝土输送时的安全要求

(1)运输混凝土临时架设桥道的宽度,应能容纳两部手推车来往通过并有余地为准,一般不小于1.5m。架设要牢固,桥板接头要平顺。

(2)两部手推车碰头时,空车应预先放慢停靠一侧让重车通过。

(3)用输送泵输送混凝土,管道接头、安全阀必须完好,管道的架子必须牢固且能承受输送过程中所产生的水平推力;输送前必须试送,检修必须卸压。

(4)禁止手推车推到挑檐、阳台上直接卸料。

(5)用铁桶向上传送混凝土时,人员应站在安全牢固且传递方便的位置上;铁桶交接时,精神要集中,双方配合好,传要准,接要稳。

(6)使用吊斗浇筑混凝土时,应设专人指挥。要经常检查吊罐斗、钢丝绳和卡具,发现隐患应及时处理。

(7)使用物料提升机运输时,应按有关规定执行。手推车推进吊笼,车把不得伸出吊笼外,车轮前后要挡牢,稳起稳落。

(8)禁止在混凝土初凝后、终凝前在其上面行走手推车,以防扰动混凝土。当混凝土强度达到1.2MPa以后,才允许上料具等。运输通道上应铺设马道,料具要分散放置,不得集中堆放。

四、混凝土浇筑与振捣的安全要求

(1)浇筑深基础混凝土前和在施工过程中,应检查基坑边坡土质有无崩裂倾塌的危险。如发现危险现象,应及时排除。同时,工具、材料不应堆置在基坑边沿。

(2)浇筑混凝土使用的溜槽及串筒节间应连接牢固。操作部位应有护身栏杆,不准直接站在溜槽帮上操作。

(3)浇筑无楼板的框架梁、柱混凝土时,应架设临时脚手架,禁止站在梁或柱的模板或临时支撑上操作。

(4)浇筑房屋边沿的梁、柱混凝土时,外部应有脚手架或安全网。如脚手架离开建筑物超过20cm时,须将空隙部位通铺脚手板。

(5)浇筑拱形结构时,应自两边拱脚对称地同时进行;浇圈梁、雨篷、阳台,应设防护措施;浇筑料仓时,下出料口应先行封闭,并搭设临时脚手架,以防人员坠落。

(6)夜间浇筑混凝土时,应有足够的照明设备。

(7)使用振捣器时,湿手不得接触开关,电源线不得有破损和漏电。开关箱内应装设漏电保护器,漏电保护器的额定动作电流应不大于30mA,额定动作时间应小于0.1s。

(8)混凝土振捣器使用的安全要求同本书第四章第三节的“七、混凝土振捣器”。

五、混凝土养护的安全要求

(1)已浇完的混凝土,应加以覆盖和浇水,使混凝土在规定的养护其内,始终能保持足够的湿润状态。

(2)覆盖养护混凝土时,楼板如有孔洞,应钉板封盖或设置防护栏杆或安全网。

(3)拉移胶皮水管浇水养护混凝土时,不得倒退行走,注意梯口、洞口和建筑物的边沿处,以防失足坠落。

(4)禁止在混凝土养护窖(池)边沿上站立或行走,同时应将窖盖板和地沟孔洞盖牢和盖严,严防失足坠落。

第四节　抹灰工程

一、抹灰工程的一般安全规定

(1)室内抹灰使用的高凳、金属支架应平稳牢固,脚手架跨度不得大于2.0m。架上堆放不得集中,在同一跨度内不得超过2人。移动脚手架时,下面不得站人。高凳高度不得超过1.8m。如高度超过1.8m时,必须搭设脚手架。

(2)室外抹灰脚手架应按抹灰要求高度由架工进行拆改,禁止抹灰工自翻脚手板或搭临时架子。

(3)脚手架上的工具、材料分散放稳。安装易碎的材料应堆放整齐,四角进行包裹,边用边运。

(4)立体交叉作业时,应满铺一层脚手板和5mm×5mm密目网进行隔离,并避免正面垂直上下作业。

(5)阳台、外门窗口、楼梯间等部位操作时,应有安全防护措施。楼梯间楼梯井处上下应进行防护。严禁在脚手架护身栏、护栏、阳台拦板上操作施工。

(6)水平运输道路应平整,小车在过道中拐弯、进出门口时,应注意车把挤手。用绳垂直运输时四周进行围挡,必须专人看管。

(7)使用高凳、叉梯和靠梯在光滑地面上操作时,凳(梯)下脚要绑麻布和橡皮防滑。叉梯系好拉绳。

(8)禁止从门窗口向外抛投杂物,防止伤人。

(9)物料提升机吊篮内小车应加挡车横木,平台上人员不得向外探头。收工前吊篮脚手架挂好风钩。

(10)在夜间或阴暗处作业,应用36V以下低压照明。

二、室外抹灰的安全规定

(1)剔凿混凝土、瓷砖等时应戴防护镜。

(2)所用脚手架应按有关规定进行搭设。

(3)施工前应检查作业环境,特别是孔洞。防护是否牢固可靠,并不得擅自改动。

(4)如在阳台、上跳板人员应系好安全带。

(5)做到活完脚下清,及时清理垃圾。

三、室内抹灰的安全要求

(1)在高大外窗处作业时,需将窗扇关好,并插上插销,(未安窗时)必须进行围挡。

(2)高处作业时，木制刮杠要放在脚手板上放平稳，防止坠落伤人。堆放材料要分散。

(3)作业前应检查孔洞口、电梯井口等防护设施必须齐全，施工中不得擅自移动、拆改。

第五节 轻质隔墙工程

一、轻质隔墙工程的一般安全规定

(1)施工人员严禁光脚、穿拖鞋、穿高跟鞋和硬底鞋进入现场和作业。

(2)手持电动工具和机械设备，应按施工机具中有关规定设置漏电保护、安全防护装置、接零和接地装置。

(3)安装使用的高凳、金属支架应平稳牢固，脚手架跨度不得大于2.0m。在同一跨度内不得超过2人。移动脚手架时，下面不得站人。高凳高度不得超过1.8m。安装用的梯子不得缺挡。梯子放置不应过陡，梯子与地面夹角一般为70°～80°为宜。禁止两人同时在一梯上作业。作业人员不得站在叉梯、高凳上端头作业。

(4)材料堆放位置要平稳、适当，特别是高处作业时不得影响运料、通道和操作，工具要放入工具袋，上下传递工具、材料要用绳系，严禁向下抛。

(5)隔断高度超过4m时，应搭设脚手架。脚手架搭设必须符合脚手架工程的有关规定。

二、木制隔断安装的安全要求

(1)木工机械如电锯、电刨应由专人负责，及时维修、保养，严格按安全技术操作规程作业。应专线专闸。

(2)施工作业现场周围不得堆积易燃、易爆物品。刨花、锯末要及时清理并存放到安全地点，不得随意乱扔、乱抛，严禁烟火。

(3)安装填充物时，施工人员应发风镜和口罩，防止吸入呼吸道。

(4)在夜间或阴暗处作业，应用36V以下低压照明。

三、纸面石膏板隔断安装的安全要求

(1)安装轻钢骨架时，不得触动电线。如电线妨碍操作时，由专业电工拆移，其他人员不得操作。

(2)安装轻钢龙骨隔断时如需电焊，应按规定办理动火证，由项目经理协调工序，防止火灾的发生。作业时应由专人看管余火，焊渣及时清理。

(3)安装填充物时，施工人员应发风镜和口罩，防止吸入呼吸道。

(4)不得将脚手架搭绑在骨架上，更不得将骨架做脚手架的承重杆和固定杆。

四、使用冲击电钻、电锤的安全要求

使用冲击电钻、电锤的安全要求，同第四章第三节“二、手持电动工具”的第2项。

五、使用射钉枪、拉铆枪的安全要求

使用射钉枪、拉铆枪的安全要求，同第四章第三节的“二、手持电动工具”的第 5 项和第 6 项。

第六节　饰面板(砖)工程

一、饰面板(砖)工程的一般安全规定

(1)室内花岗岩的放射性必须符合现行有关标准的规定。

(2)室内木骨架按现行规范要求涂刷防火涂料。

(3)施工人员严禁光脚、穿拖鞋、穿高跟鞋和硬底鞋进入现场和作业。

(4)手持电动工具和机械设备，要按施工机具中有关规定设置漏电保护、安全防护装置、接零和接地装置。

(5)安装使用的高凳、金属支架应平稳牢固，脚手架跨度不得大于 2.0m。在同一跨度内不得超过 2 人。移动脚手架时，下面不得站人。高凳高度不得超过 1.8m。禁止两人同时在一梯上作业。瓷砖粘贴高度 3.6m 时，搭设脚手架，脚手架搭设必须符合脚手架工程的有关规定。

(6)脚手架上的工具、材料分散放稳。安装易滑的材料应堆放整齐，四角进行包裹，边用边运。

(7)在夜间或阴暗处作业，应用 36 伏以下低压照明。

二、室内饰面板(砖)粘贴工程的安全要求

(1)搬运板材时，应拿稳轻放，防止伤手和砸脚，于地面成 80°角，垫木距立边不得大于 150mm。水平堆放的板材应整齐、平稳，高度适宜，运输通道不小于 1.5m。

(2)操作地点必须清理干净，垃圾不得向窗外抛扔，以免伤人。

(3)施工前应检查作业环境，特别是洞口等防护必须可靠。

(4)剔凿混凝土瓷砖碎片应戴防护镜。手、脸部不得正对加工板材。角磨机切割时，身要侧立，防止砂轮片破裂伤人。

(5)云齿机、角磨机等使用前应仔细检查，安好防护罩及漏电保护装置。

(6)加工场地应做到活完场清和活完料净。

三、室外饰面板(砖)粘贴工程的安全要求

(1)所有脚手架应按使用高度由架工根据规定要求进行拆改，禁止抹灰工自翻脚手板或搭临时架子。

(2)脚手架上的工具、材料分散放稳。安装易滑的材料应堆放整齐，四角进行包裹，边用边运。

(3)立体交叉作业时，应满铺一层脚手板和 5mm×5mm 密目网进行隔离，并避免正面垂直上下作业。

(4)阳台、外门窗口、楼梯间等部位操作时,应有安全防护措施。楼梯间楼梯井处上下进行防护。严禁在脚手架护身栏、护栏、阳台拦板上操作施工。

(5)禁止从门窗口向外抛投杂物,防止伤人。

(6)物料提升机吊篮内小车应加挡车横木,平台上人员不得向外探头。收工前吊篮脚手架挂好风钩。

(7)在夜间或阴暗处作业,应用36V以下低压照明。

四、使用机具设备的安全要求

饰面板(砖)工程使用机具设备的安全要求,同第四章第三节的“二、手持电动工具”。

第七节 地面工程

一、地面工程的一般安全规定

(1)施工前应检查机械设备,手持电动工具的保护装置,电气设备检查接零和接地是否可靠。

(2)施工前应检查作业环境,特别是孔洞。防护是否牢固可靠。

(3)在夜间或阴暗处作业,应用36V以下低压照明。

(4)清扫地面时不得由窗口、阳台等处向外抛扔杂物,防止伤人。

(5)清理楼地面时要戴口罩。

二、地砖粘贴工程的安全要求

(1)剔凿地面基层时,不得用冲击钻和电锤作业,防止地面管线破坏。

(2)室内推车时,拐弯时要防止挤手。搬运材料时,应拿稳轻放防止伤手和砸脚。地砖码放应整齐平稳,高度适宜,防止倒塌。

(3)手持电动工具和机械设备,要按施工机具中有关规定设置漏电保护、安全防护装置、接零和接地装置。

(4)加工板材时,应戴防护镜、绝缘手套,脸部不得正对加工的材料。若用角向磨光机切割时,身要侧立,防止砂轮片破裂伤人。

(5)安装楼梯板材时,楼梯段及休息平台应有防护措施,楼梯井底部设置安全网。

(6)施工作业面应做到活完场清和活完料净。

三、长条、拼花木地板工程的安全要求

(1)操作现场的刨花,碎木料要及时清理。现场必须有可靠的防火措施。现场严禁吸烟。

(2)使用有毒的黏接剂,操作人员应戴活性炭滤毒口罩。

(3)木工机具的电源必须设置独立开关,专线专闸,线路必须符合要求,防护装置必须齐全有效。

四、塑料板地面工程的安全要求

(1)必须单独设置保存或存放塑料板材和胶结剂的库房,设有足够的消防器材。存放丙酮、松节油、汽油、松香水、胶结剂和溶剂数量不得多于当天用量。启盖后必须及时盖严,操作过程中严禁吸烟。

(2)施工的房间必须通风良好,应打开门窗、通风换气,通风不良时应采取其他通风措施。

(3)在操作时应戴防毒口罩、纱布口罩,连续操作2小时后,应外出休息一会儿,每天下班后用清水漱口。

(4)采用水溶性黏结胶以及水溶性黏结剂时,应用无毒难燃材料,并在饭前漱口洗手。

五、地毯铺设的安全要求

(1)必须单独设置保存或存地毯板材和胶结剂的库房,设有足够的消防器材。

(2)安装地毯倒钩时两端应进行防护,防止扎脚和破坏。

(3)黏结地毯垫和地毯时必须通风良好,应打开门窗、通风换气。操作过程中应戴防毒口罩、纱布口罩、严禁吸烟。

第八节　吊 顶 工 程

一、吊顶工程的一般安全规定

(1)施工中应遵守操作规程。

(2)高空操作时注意物体坠落伤人。

(3)在吊顶内作业时,应搭设马道,非上人吊顶严禁上人。

(4)现场设备及照明用电,应严格按规程操作。

(5)现场注意防火防毒。

(6)禁止从门窗口向外抛投杂物,防止伤人。

(7)安装轻钢骨架时,不得触动电线。如电线妨碍操作时,由专业电工拆移,其他人员不得操作。

(8)安装轻钢龙骨时如需电焊,应由项目经理协调工序,防止火灾的发生。作业时应由专人看管余火,及时清理焊渣。

(9)门窗未安前施工,如遇大风禁止安装面板。

(10)搬运板材时,应拿稳轻放,防止伤手和砸脚,于地面成80°角,垫木距立边不得大于150mm。水平堆放的板材应整齐、平稳,高度适宜,运输通道不小于1.5m。

(11)现场材料进场后应按材料的种类、规格水平堆放,易燃易爆材料要远离火源。

(12)施工现场严禁吸烟。

(13)易燃易爆材料要远离火源,设专人看管。

(14)库房与建筑物必须保持一定的安全距离;要有严格的管理制度,专人负责;库房内严禁烟火,并有明显的标志,配备足够的消防器材。

(15)工作完毕应将垃圾清理干净,未用完的材料入库或码放整齐、盖好,以防发生火灾。

二、轻钢龙骨吊顶的安全要求

(1)脚手架搭设后,应进行检查,符合要求后方可上人操作,搭设脚手板不得放在凳梯的最高一档。板两端搭接长度不应少于20cm,不得有探头板。在一块脚手板上不得站两人同时操作。脚手板不允许搭在门窗、暖气片和水暖立管上。高凳高度不得超过1.8m。如高度超过1.8m时,必须搭设脚手架。

(2)现场操作用梯子应注意防滑,采用高凳、架梯不允许垫高使用,下脚应绑麻布或垫胶布,并应拉绳,防止滑溜。

(3)在架子上操作,思想要集中,不得嬉戏打闹,以防意外事故发生。现场不得穿拖鞋或赤臂工作。

(4)在脚手架上操作的人数不得超过2人,堆放的材料应散开,存放工具的器具要放牢靠,以免坠落伤人。层高在3.6m以下时,搭设的脚手架或采用双脚三角高凳其间距应小于2m,脚手板严禁有探头板。

(5)施工现场必须具有良好的通风条件,在通风条件不良的情况下,必须安置临时通风设备。

(6)材料堆放位置要平稳、适当,特别是高处作业时不得影响运料、通道和操作,工具要放入工具袋,上下传递工具、材料要用绳系,严禁向下抛。

(7)吊顶高度超过4m时,应搭设脚手架。脚手架搭设必须符合脚手架工程的有关规定。

(8)施工作业现场周围不得堆积易燃、易爆物品。刨花、锯末要及时清理并存放到安全地点,不得随意乱扔、乱抛,严禁烟火。

(9)脚手架妨碍操作时,应由架子工处理,严禁非架子工翻手脚板或搭设临时架子。

(10)电动工具必须安装漏电保护器,操作时戴绝缘手套。

(11)现场要通风良好,严防中暑、中毒事件发生。

第九节 涂饰工程

一、涂饰工程的一般安全规定

(1)喷涂用的空压机,搅拌机,柱塞或挤压泵等机械设备操作时,各种电气设备应做好接零或接地保护。

(2)二层以上外门、窗及门窗口、墙面涂刷时,操作人员必须戴安全带,并将其挂在牢固可靠的地方。高度超过4m的单层厂房或楼层上部的涂刷作业,要搭脚手架。

脚手架的搭设应符合标准规定。

(3)使用高凳,叉梯应支放平稳。高凳叉梯下脚应钉胶皮防滑。叉梯两腿间应设拉绳或搭钩,并随时检查拉绳、搭钩的可靠程度,防止发生事故。

(4)门窗、细部及墙面打砂纸时,操作人员应站在上风头。

(5)施工现场必须具有良好的通风条件,在通风条件不良的情况下,必须安置临时通风设备。

(6)清洗工具及容器的废溶剂,不准随意倾倒,应妥善加以处理。

(7)运送涂料的道路,应清除障碍物,盖好预留孔。运送时将桶、壶、罐垫平垫稳,防止倾倒与滑落。

(8)工程所用的龙门架与井字架、脚手架、木直梯与折梯以及“三宝”与“四口”防护等,均应符合本标准有关规定,并在使用前经检查符合要求后,才能安排施工。

(9)施工作业现场周围不得堆积易燃、易爆物品。刨花、锯末要及时清理并存放到安全地点,不得随意乱扔、乱抛,严禁烟火,

(10)从涂料桶内向外倒涂料时,应及时将开口封严。每班工作后,必须将剩下的涂料及工具送回库房,妥善保管。

(11)材料存放要远离火源,以防发生火灾。

(12)对施工操作人员进行安全教育,使之对使用的涂料的性能及安全措施有基本了解。并在操作中严格执行劳动保护制度。

(13)喷刷涂料的工作人员,如在施工过程中有感到头晕、心悸、恶心等情况,应立即离开工作岗位到通风良好的地方换换空气。如仍不舒服,应及时赶赴医疗部门诊治。

二、水溶性涂料、溶剂型涂料施工的安全要求

(1)使用钢丝刷、板锉等工具除锈、墙面与木地面打砂纸时,要戴防护眼镜、口罩。用喷砂除锈时,喷砂前应检查设备、管道、压力表等是否正常。喷嘴接头要牢固,不准对人。停车后应待喷砂管路内压缩空气排净后才能放喷枪。喷嘴堵塞时,必须立即停机,待消除管内压力后才能修理与更换。

(2)酸洗除锈时,操作人员必须按规定穿好防护服(衣、帽、鞋、袜)、戴好防护眼镜、口罩。配制稀硫酸液时,必须将硫酸缓缓倒入水中,不得将水倒入硫酸中,且酸洗池内酸液液位要适当。酸洗时,要严格控制酸洗液外溢或溅出池外。下班后要关窗、锁门,并派专人值班。

(3)使用汽油、丙酮、松香水等调配油料、地板刷聚氨酯清漆、墙面油漆、室内或容器内喷涂,都必须穿戴好防护用品。其操作地点要通风良好,严禁烟火。采用静电喷涂时,还要根据其具体情况,设置保护接地装置。

(4)水落管、封檐板刷涂以及两米以上的其他涂料作业,应搭设脚手架或吊架。在铁皮屋面上刷涂时应有活动板梯,防护栏杆和安全网。

(5)室内大面积喷刷涂料时,其临时照明和其他电器,必须按规定的防爆等级

安装。

(6)在喷刷红丹防锈漆以及其他含铅颜料时,为预防铅中毒,操作人员必须戴好口罩和手套。

(7)使用喷灯时,加油不得过满,使用时间不宜过长,点火时火嘴不准对人。

(8)遇有六级以上大风,不得进行高处外墙面喷涂施工。

(9)如在阳台、上跳板悬挑及悬空部位施工人员应系好安全带。

(10)高处作业时,木制刮杠要放在脚手板上放平稳,防止坠落伤人。堆放材料要分散。

三、使用喷涂机具的安全要求

(1)喷涂用的机械,应及时维护保养,并设专人保管,维修管理人员应熟知机械性能及故障排除方法。操作时应随时检查机械运转,部件接头及其压力表,安全阀应及时校验,发现异常应及时停机,排除故障,确保灵敏可靠。

(2)喷涂中所用的机械、手持电动工具等,必须严格遵守机械操作规程中施工机具的规定接零或接地、安装漏电保护器。

(3)注意控制输送压力,经常检查胶管,防止崩裂。

(4)移动式照明灯必须使用安全电压,机电设备应固定专人或电工操作。现场一切机电设备非操作人员一律禁止乱动。

(5)各类工具用完后按种类安置好。

四、涂饰工程施工的防火要求

(1)涂料库房与建筑物必须保持一定的安全距离;要有严格的管理制度,专人负责;库房内严禁烟火,并有明显的标志,配备足够的消防器材。

(2)在刷(喷)涂料过程中,要及时清理、收集粘有涂料、稀料的废弃物,并将其集中存放在有盖的金属容器内,及时妥善处理。

(3)施工现场不得有明火,周围不得堆积易燃、易爆物品。涂刷涂料时要严禁吸烟。

(4)库房内的稀释剂和易燃涂料必须堆放在安全处,切勿放在门口和人经常走动的地方。

(5)工作完毕,未用完的涂料和稀释剂应及时清理入库。

(6)在掺入稀释剂、快干剂时禁止烟火,以免引起燃烧。

(7)喷涂场地的照明灯应用玻璃罩保护,以防漆雾粘上灯泡而引起爆炸。

(8)木地板、门窗下的油皮应及时烧掉、水泡或土埋,以免自燃起火。

(9)熬胶、熬油时,应清除周围的易燃物和火源,并应配备相应的消防设施。

(10)冬季喷涂时,因天冷油漆必须加温时,应用水煮油罐。严禁直接把油罐放在火上烘烤。油漆内必须掺加易挥发的溶剂时,其操作地点必须严禁烟火、远离火源。

第十节　裱糊与软包工程

1. 裱糊与软包工程的一般安全规定

(1)采用高凳、架梯不允许垫高使用,下脚应绑麻布或垫胶布,并加拉绳,防止滑溜。

(2)在超高的墙面裱糊时,逐层架子要牢固,并设护身栏等。

(3)在架子上操作,思想要集中,不得嬉戏打闹,以防意外事故发生。

(4)操作人员要认真领会安全技术交底,在岗时间,处处注意安全。

(5)脚手架搭设后,应进行检查,符合要求后方可上人操作,搭设脚手板不得放在凳梯的最高一档。板两端搭接长度不应少于 20cm 不得有探头板。在一块脚手板上不得站两人同时操作。脚手板不允许搭在门窗、暖气片和水暖立管上。

(6)移动式照明灯必须使用安全电压,机电设备(钻台、切割机、手电钻等)应固定专人或电工操作。现场一切机电设备非操作人员一律禁止乱动。

(7)施工人员严禁光脚、穿拖鞋、穿高跟鞋和硬底鞋进入现场和作业。

(8)材料存放要远离火源,以防发生火灾。

(9)现场要通风良好,严防中暑、中毒事件发生。

(10)库房与建筑物必须保持一定的安全距离;要有严格的管理制度,专人负责;库房内严禁烟火,并有明显的标志,配备足够的消防器材。

(11)工作完毕应将垃圾清理干净,未用完的材料入库或码放整齐、盖好,以防发生火灾。

(12)现场严禁吸烟,远离火源。

二、壁纸粘贴工程施工的安全要求

(1)用刀裁割壁纸、墙面时,注意操作,防止裁刀伤手。

(2)在脚手架上操作的人数不能集中,堆放的材料应散开,存放工具的器具要放牢靠,以免坠落伤人。层高在 3.6m 以下时,工人自己搭设的脚手架或采用双脚三角高凳其间距应小于 2m。

(3)施工现场必须具有良好的通风条件,在通风条件不良的情况下,必须安置临时通风设备。

第十一节　门窗安装

一、门窗安装的一般安全规定

(1)门窗安装施工人员,必须按规定穿戴安全带、安全帽,严禁光脚,穿拖鞋,穿高跟鞋、带钉易滑和硬底鞋进入现场和作业。

(2)手持电动工具和机械设备,要按施工机具的有关规定设置漏电保护器、安全防护装置和接零。

(3)操作人员在作业前,应检查工具如斧、锤、锯等的安装是否牢固,设备、工具的安全防护、漏电保护、接零是否齐全、有效,符合要求后,才能作业。使用手持电动工具时要戴好绝缘手套。

(4)安装用的梯子不得缺挡。梯子放置不应过陡。梯子与地面夹角一般为70°~80°为宜。禁止两人同时在一梯子上作业。梯子下脚要绑胶皮防滑。使用叉梯时,其定位拉绳必须牢固。操作人员不得站在叉梯、高凳上端头作业。

(5)材料堆放要位置适当、平稳,特别是高处作业时不得影响运料通道和操作,工具要放入工具袋,上下传递工具、材料要用绳系,严禁抛掷。

(6)二层以上安装窗口、窗扇,如外面无脚手架及安全网,操作人员要带好安全带。安全带要挂在安全可靠的地方。

二、木门窗安装的安全要求

(1)立木门口应用临时支撑固定。支撑上端应用钉子钉在框的上部内侧,下端用砖压住,严禁绑在或钉在脚手架上。

(2)试装门窗扇时,应用木楔把门、窗扇在下边塞牢,才能检查缝隙等,防止门窗扇倒落伤人。

(3)下班前应将正装的门、窗扇装好,上完合页、插销等五金,不得将修刨完的门、窗扇用木塞塞好就离开现场,以防他人拉拽门、窗扇被砸,摔倒或坠落。

(4)木门窗安装均应用小五金固定,不得用其他钉子代替,不得将木螺丝打入全部深度。

(5)门、窗扇装好后,应及时将插销插好,及时将刨花打扫干净运到指定的安全地点,严禁向室外乱抛。

(6)调整自由门弹簧合页时,销钉不得用钉子代替,以免弹出伤人。

三、钢门窗安装的安全要求

(1)运输、安装钢门窗时,不得触动电线。如电线妨碍操作时,应有持证电工拆移,其他人员不得操作。

(2)立钢门窗时,要用门楔在门窗扇下边背紧,以免碰撞、震动倾倒伤人。

(3)安装钢门窗如需电焊时,应按规定办理动火手续,批准后才能动火。作业时应有专人配合持证焊工拉线、看火。

(4)下班时正安的钢门窗应在离开岗位前装好,不得中途下班,以免他人碰撞倾倒伤人。

(5)不得将脚手架排木搭绑在钢窗上,更不得将钢窗做脚手架的承重杆件或固定杆件。

(6)钢门窗安装应两人配合作业,不得一人操作,以防倾倒伤人。

四、铝合金、塑钢和玻璃钢门窗安装的安全要求

参见“钢门窗安装的安全要求”。

第十二节　细部装饰工程

一、细部装饰工程的一般安全规定

(1)施工前必须进行安全交底,落实各项安全措施及防护设施,每班作业前,应重点检查脚手架设施、起重吊装设备、电气设备、机械设备状况。如有故障应迅速修复,不能“带病运转”。必须认真贯彻执行安装工程安全技术规程的规定。

(2)进入施工现场必须戴安全帽,从事手持电动工具操作人员,必须戴绝缘手套及穿绝缘鞋。

(3)现场照明的电压必须小于36V安全电压。动力设施用电应有专设的开关箱控制,内部应有防止过载、过流及欠电压保护元件。

(4)花饰黏结材料油漆、涂料等应了解其性能,是否有腐蚀性,是否易燃。如特殊要求时,应遵守有关规定,备齐劳动保护用品。

(5)使用手持电动工具时的电源线路必须绝缘良好,一定要有接地线。

(6)使用射钉抢的人员应经过培训。严格禁止将枪口对准人,严禁把射钉弹交与无关人员。

(7)采用高凳、架梯不允许垫高使用,下脚应绑麻布或垫胶布,并加拉绳,防止滑溜。

(8)在超高的墙面施工时,必须佩戴安全带,逐层架木要牢固,并设护身栏等。

(9)在架子上操作,思想要集中,不得嬉戏打闹,以防意外事故发生。

(10)操作人员要认真领会安全技术交底,在岗时间,处处注意安全。

(11)库房内材料摆放整齐,严禁烟火,并有明显的标志,以防火灾发生。

(12)库房与建筑物必须保持一定的安全距离;要有严格的管理制度,专人负责;库房内严禁烟火,并有明显的标志,配备足够的消防器材。

(13)工作完毕应将垃圾清理干净,未用完的材料入库或码放整齐、盖好,以防发生火灾。

(14)现场严禁吸烟,远离火源。

二、壁柜、吊柜、窗帘盒、窗台板和散热器及门窗套的安装的安全要求

(1)用刀裁割花饰及其他物品时,注意操作,防止裁刀伤手。

(2)搭设脚手板,不得放在凳梯的最高一档。板两端搭接长度不少于20cm,不得有探头板。在一块脚手板上不得同时站两个人同时操作。脚手板不允许搭在门窗、暖气片和水暖立管上。

(3)操作台应搭设牢固,上面不可堆料过多。模板的拆除和支模应按顺序进行,所有临时支撑应待花饰黏结强度达到后拆除。

三、栏杆和扶手安装的安全要求

(1)栏杆和扶手的安装应符合设计要求。

(2)在夜间或者光线不足的场所进行工作,应设置足够的照明设备。

(3)对楼梯井、扶手和栏杆,应根据具体情况采取安全措施。

第十三节 烟囱工程

一、烟囱工程的一般安全规定

(1)卷扬机在使用之前,须检查全部机件,并经过空车和重车试运行和制动试验。

(2)卷扬机的荷载重量,须按制造厂说明书规定的负荷使用。

(3)为预防钢丝绳突然折断,吊笼上应装设安全抱刹。

(4)竖井架上应装设两道限位器,以防吊笼冒顶。

(5)钢丝绳一定要牢靠地固定在滚筒上;留在滚筒上的钢丝绳,至少需在10圈以上。

(6)对于安全抱刹、限位器在施工中必须定时检查,以防失灵。

(7)夜间施工时,操作台、内外吊梯、竖井架、卷扬机房、搅拌站以及各运输道路等处,均需设有充分的照明。

(8)高空作业使用的电压,如震动器照明信号灯使用不大于36V的电压。

(9)各种机械的电动机必须有良好的接零保护。

(10)烟囱施工时,在筒身底部、操作台上和卷扬机之间须安设电铃和指示灯作联系信号。

(11)在烟囱上部和下部,配备对话机一套。

(12)烟囱周围的危险区应设置围栏并挂上警告牌,严禁非工作人员入内。

(13)在危险区的通道上应搭设保护棚。

(14)操作台的周围应设置围栏;在内外吊梯上应设安全网。

二、砖砌烟囱施工的安全要求

(1)砖砌烟囱时必须架设安全网,在烟囱外上料时,则内外均应设置,安全网应挂在操作平台上并随之上升。烟囱下部设安全网的,网宽(张开范围)应不小于砖砌高度的1/4,且不小于6m。

(2)如安全网不可能全部封闭烟囱,当砌筑高度超过3m时,操作人员应配戴安全带。安全带应牢固挂在操作平台的上方而又不妨碍操作的地方,安全带在使用前要经质量部门检查鉴定合格后才能使用。当转移操作位置或脚手架和工作平台升降后,操作人员必须重新扣挂安全带,并检查扣挂是否牢靠。

(3)禁止站立或蹲在烟囱壁上进行操作,如果壁厚超过62cm而必须站在壁上操作时,则必须扣挂好安全带。

(4)工作中不得将工具、木料碎砖等物料从高空掉下,砍砖时要向内边打砖。

(5)烟囱施工范围内应设围栏,防止无关人员进入,其范围半径以10m为宜。井架物料提升机附近要搭设防护挡板。上面的工作平台周围和井架提升机出口处要设防护栏。

(6)采用烟囱内脚手架时，主梁每端插入墙身的支承长度不得少于120mm。如用木枋做主梁时，应细心挑选坚硬、无疤节、无裂纹、不霉的良好木材。

(7)烟囱砌筑到15m以上时，要设置临时避雷针随烟囱砌筑高度而上升，针尖要高出砌筑面2m以上。

(8)垂直运输的卷扬机位置，要求能直接看到烟囱和井架物料提升机的全部，无视线障碍，同时仰角不应过大以免仰望困难。

(9)如工作平台上无专人指挥井架物料提升机升降时，则必须加设自动限位或行程开关，防止吊笼无限制的上升，造成意外。

(10)在筒身以外利用拔杆吊运材料时，接料人员不得站在砌体上接料，而必须站在平台上用钩子勾近身边，搁稳后再取料。

(11)指挥井架物料提升机升降的人员一定要与司机使用统一的信号(可用旗号或对讲机)。

(12)一切人员均不准在刚埋设而灰缝砂浆尚未凝固的爬梯上下，防止铁条摇松以致拔出造成高处坠落。

(13)若以爬梯的形式供操作人员之用时，必须加设防护栏。每隔15m高设置临时简易休息平台一道以便中间稍做休息，避免过度疲劳。

(14)一切垂直运输设备安装完毕后，要经过超载40%试运转，经检查鉴定合格后，才能正式投入使用。

三、钢筋混凝土烟囱施工的安全要求

(1)钢筋混凝土烟囱采用木模板和定型组合模板施工时，模板安装与拆除遵守下列要求：

①模板安装必须按模板的施工设计进行，严禁任意变动。

②模板及其支撑系统在安装过程中，必须设置临时固定设施，严防倾覆。

③采用分节脱模时，底模的支点应按设计要求设置。

④拆除时应严格遵守各类模板拆除作业的安全要求。

⑤拆除模板，应经施工技术人员按试块强度检查，确认混凝土已达到拆模强度时，方可拆除。

⑥模板拆除时，应有专人指挥和切实可靠的安全措施，并在下面标出作业区，严禁非操作人员进入作业区。操作人员应配挂好安全带，禁止站在模板的横拉杆上操作，拆下的模板应集中吊运，并多点捆牢，不准向下乱扔。

⑦工作前，应检查所使用的工具是否牢固，扳手等工具必须用绳链系挂在身上，工作时思想要集中，防止钉子扎脚和从空中滑落。

⑧拆除模板一般采用长撬杠，严禁操作人员站在正拆除的模板下。

⑨拆模间歇时，应将已活动的模板、拉杆、支撑等固定牢固，严防突然掉落、倒塌伤人。

⑩ 已拆除的模板、拉杆、支撑等应及时运走或妥善堆放，严防操作人员因扶空、踏空坠落。

⑪模板安装与拆除必须站在稳固的地方或牢固的操作平台上进行。

⑫拆除水箱底及顶盖底的模板时，可用绳索吊下，模板及支撑不得由高处扔下。操作人员离开模板可能落下的部位。

(2)高处绑扎和安装钢筋，注意不要将钢筋集中堆放在模板或脚手架上。

(3)混凝土的浇筑与振捣遵守下列要求：

①浇筑混凝土前，要检查脚手架、模板、支撑应牢固可靠，模板较大的缝隙应处理好。

②浇筑混凝土时，不应猛力冲击架子和模板。

③入模高度要保持基本均匀，禁止堆集一处而将模板压偏。

四、采用液压滑模施工时模板的安装与拆除的安全要求

(1)组装前，应对各部件的材质、规定和数量进行详细检查，以便剔除不合格部件。

(2)模板安装完后，应进行全面检查，确实证明安全可靠后，方可进行下一工序的工作。

(3)液压控制台在安装前，必须预先做加压试车工作，经严格检查后，方准运到工程上去安装。

(4)滑模的平台必须保持水平，千斤顶的升差应随时检查调整。

(5)滑升机具和操作平台应严格按照施工设计安装。平台四周要有防护栏杆和安全网，平台板铺设不得留空隙。施工区域下面应设安全围栏，经常出入的通道要搭设防护棚。

(6)滑模提升前，若为柔性索道运输时，必须先放下吊笼，再放松导索，检查支承杆有无脱空现象，结构钢筋与操作平台有无挂连，确认无误后，方可提升。

(7)操作平台上，不得多人聚集一处，下班时应清扫和整理好料具，夜间施工应准备手电筒，以预防晚间停电。

(8)滑升过程中，要随时调整平台水平、中心的垂直度，以防平台扭转和水平位移。

(9)为防高处坠物伤人，烟囱底部的 2.5m 高度处搭设防护棚，防护棚应坚固可靠，上面应铺 6～8mm 厚的钢板一层。

(10)应定期对一切起重设备的限位器、刹车装置进行测定，以防失灵发生意外。

(11)滑模操作平台上的施工人员应定期体检，经医生诊断凡患有高血压、心脏病、贫血、癫痫病及其他不适应高处作业疾病的，不得上操作平台工作。

(12)滑模拆除必须遵守《建筑施工高处作业安全技术规范》(JGJ 80－1991)和《液压滑动模板施工安全技术规程》(JGJ 65－2013)的规定。

(13)滑模拆除必须编制详细的施工方案，明确拆除的内容、方法、程序、使用的机

械设备、安全措施及指挥人员的职责等，并报上级主管部门审批后方可实施。

(14)滑模装置拆除必须组织拆除专业队，指定熟悉该项专业技术的专人负责统一指挥。参加拆除的作业人员，必须经过技术培训，考核合格后方能上岗。不能中途随意更换作业人员。拆除前应向全体操作人员进行详细交底工作。

(15)拆除滑模装置使用的垂直运输设备和机具，必须检查合格后方准使用。

(16)滑模装置拆除前应检查各支承点埋设件牢固情况，以及作业人员上下走道是否安全可靠。当拆除工作利用施工的结构作为支承点时，对结构混凝土强度的要求应不低于 15N/mm²，且经结构验算确定。

(17)拆除作业必须在白天进行，宜采用分段整体拆除，在地面解体。模板拆除应均衡对称，拆除的部件及操作平台上的一切物品，均不得从高处抛下。宜在顶端设置安全行走平台。

第十四节　水 塔 工 程

一、水塔工程施工的一般安全规定

(1)高处作业人员必须进行体格检查，不合格者不得进行高处作业。

(2)高处操作人员要系好安全带，作业人员要戴好安全帽。

(3)每班操作前要仔细检查架杆、架板、升降设备、绳索、滑车、缆风绳、制动设备等是否完好，发现问题应及时修好后方能上人操作。

(4)六级以上大风不宜进行高处作业。

(5)根据水塔高度，在地面上搭好围护区，非操作人员不得入内。

(6)在上料塔架底部设防护棚，以防落物伤人。

(7)在水塔根部应搭设宽度大于 4m 的安全网。

(8)筒身外的操作平台应设高 1.2m 的防护栏杆。

(9)缆风绳必须四面绷紧，如架子较高时，中部应再增设缆风绳以保证架身稳定。

(10)垂直运输料具及联系工作，必须有联系信号，并有专业人员指挥。

(11)塔架或脚手架高度超过 10m 时应设避雷针。

二、水塔工程绑扎钢筋及浇筑混凝土的安全要求

(1)绑钢筋必须站在牢固的平台上操作。

(2)在浇筑混凝土时，检查架子是否牢靠、模板是否支撑稳固，较大的缝隙是否处理。

(3)混凝土入模时，不得猛力冲击架体和模板。

(4)混凝土入模高度要保持基本均匀，禁止堆积一处而将模板压偏。

三、水塔工程支拆模板的安全要求

(1)支拆模板必须在牢固的操作平台上进行。

(2)支拆模板的工具不许随便上下抛扔，模板支撑不得由高空扔下。

四、水塔工程架子搭设和拆除的安全要求

(1)脚手架杆、架材的质量应符合要求。

(2)绑扎必须牢固,大风雨后要检查架子是否变形,发现问题要及时处理或加固。

(3)拆除脚手架应自上而下进行,禁止数层同时拆除,当拆除某一部分时,应防止其他部分坍落。

(4)栏杆、梯子应与整体配合拆除,不得先拆。

(5)承重的立柱、横杆要等它所承担的全部结构拆掉后方可拆除。

五、水塔滑模施工的安全要求

滑模施工中的安全技术工作除应遵照一般施工安全操作规程外,还应遵照《液压滑动模板施工安全技术规程》,在施工前制定具体的安全措施。

(1)滑模工程开工前,施工单位必须根据工程结构和施工特点以及施工环境、气候条件编制滑模施工安全技术措施作为滑模工程施工组织设计的一部分,报上级安全和技术主管部门审批后施工。

(2)滑模施工中必须配备具有安全技术知识、熟悉安全技术规程和《液压滑动模板施工技术规范》的专职安全检查员。

(3)对参加滑模工程的施工人员,必须进行培训和安全教育,使其了解本工程滑模施工特点,熟悉安全规程有关技术条文和本岗位的安全技术操作规程,并通过考核合格后,方能上岗工作。

(4)滑模施工中应经常与当地气象台、站取得联系,遇到雷雨、六级和六级以上大风时,必须停止施工。停工前必须作好停滑措施,操作平台上人员撤离前,应对设备、工具、材料、可移动的铺板等进行整理、固定并作好防护。全部人员撤离后,立即切断通向操作平台的供电电源。

(5)滑模操作平台上的施工人员应定期体检,经医生诊断凡患有高血压、心脏病、贫血、癫痫病及其他不适应高空作业疾病的,不得上操作平台工作。

六、施工现场与操作平台施工的安全要求

(1)在施工的建(构)筑物周围,必须划出施工危险警戒区。警戒线至建(构)筑物的距离,不应小于施工对象高度的1/10,且不小于10m。当不能满足要求时,应采取有效的安全防护措施。

(2)危险警戒线应设置围栏和明显的警戒标志,出入口应设专人警卫,并制定警卫制度。

(3)现场垂直运输用的卷扬机,应布置在危险警戒区以外,并尽量设在能与塔架上下通视的地方。

(4)滑模操作平台的设计应具有完整的设计计算书、技术说明及施工图,并必须经过审核,报主管技术部门批准。滑模操作平台的制作,必须按设计图纸加工,如有变动,必须经主管设计人员同意,并应有相应的设计变更文件。

(5)操作平台及吊脚手架上的架板,必须严密平整、防滑、牢固可靠,并不得随意

挪动。操作平台(包括内外吊脚手架)的边缘,应设钢制防护栏杆,其高度应为1.2m,横挡间距不大于35cm,底部设高度大于18cm的挡板。在防护栏杆外侧满挂铁丝网或安全网封闭,并应与防护栏杆绑扎牢固。操作平台的内外吊脚手架,以兜底满挂安全网,并应符合下列要求:

①不得使用破烂变质的安全网,安全网与吊脚手骨架应用铁丝或尼龙绳等进行等强连接,连接点间距不应大于50cm。

②离周围建筑物较近及行人较多的地段施工时,操作平台的外侧吊脚手应加强防护措施。

③安全网片之间应满足等强连接,连接点间距与网结间距相同。

七、垂直运输设备与动力、照明用电的安全要求

(1)滑模施工中所使用垂直运输设备,应根据滑模施工特点、建筑物的形状、地形及周围环境等条件,在保证施工安全的前提下进行选择。垂直运输设备,应有完善可靠的安全保护装置(如起重量及提升高度的限制、制动、防滑、信号等装置及紧急安全开关等),严禁使用安全保护装置不完善的垂直运输设备。对垂直运输设备,应建立定期检修和保养的责任制。

(2)各类井架的缆风绳、固定卷扬机用的锚索、装拆塔式起重机等的地锚,按定值设计法设计时的安全系数,应符合下列要求:

①在垂直分力作用下的安全系数不小于3。

②在水平分力作用下的安全系数不小于4。

③缆风绳和锚索必须用钢丝绳,其安全系数不小于3.5。

(3)竖井架的安装和拆除应符合下列规定:

①支撑底座安装的水平偏差不大于1/1000。

②架身垂直度偏差不大于1/1000,且不大于10cm,无扭转现象。

③缆风绳的张紧或放松应对称同时进行。位于结构物内的井架与结构的柔性连接,也应均匀对称拉撑,柔性连接点应经设计验算,其间距不宜大于10m。

④缆风绳越过高压电线时,必须搭设竹、木脚手架保护,并保持安全距离。

⑤与井架配套使用的卷扬机的设置地点距卷扬机前第一个导向轮之间的距离,不得小于卷筒长度的20倍。

(4)滑模施工现场的夜间照明,应保证工作面照明充分,其照明设施应符合下列规定:

①施工现场的照明灯头距地面的高度,不应低于2.5m,在易燃、易爆的场所,应使用防暴灯具。

②滑模操作平台上的便携式照明灯具,应采用低压电源,其电压不应高于36V。

③操作平台上有高于36V的固定照明灯具时,必须在其线路上设置触电保护器,灯泡应配有防雨灯罩。滑模操作平台上采用380v电压供电的设备,应装有触电保护器。经常移动的用电设备和机具的电源线,应使用橡胶软线。

八、防雷装置和措施

滑模施工过程中的防雷装置和措施，除应符合《建筑防雷设计规范》(GB 50057—2010)的要求外，还应符合下列规定：施工现场的井架、脚手架、升降机械、钢索、塔式起重机的钢轨、管道等大型金属物体，应与防雷装置的引下线相连。

九、滑升前的安全检查要点

(1)操作平台系统、模板系统及其连接部位均符合设计要求。

(2)液压系统经试验合格。

(3)垂直运输机械设备系统及其安全保护装置试车合格。

(4)动力及照明用电线路的检查与设备保护接地装置检查合格。

(5)通讯联络与信号装置试车合格。

(6)安全防护设施符合施工安全技术要求。

(7)防火、避雷、防冻等设施的配备，符合施工组织设计的要求。

(8)完成职工上岗前的安全教育及有关人员的考核工作。

(9)各项管理制度健全。

十、滑模装置拆除的安全要求

(1)滑模装置拆除(包括施工中改变平台结构)，必须编制详细的施工方案，明确拆除的内容、方法、程序、使用的机械设备、安全措施及指挥人员的职责等，并经主管部门审批。对拆除工作难度大的工程，尚应经上级主管部门审批后方可实施。

(2)滑膜装置拆除前，必须组织拆除专业队、组，指定专人负责统一指挥。凡参加拆除工作的作业人员，必须经过技术培训，考试合格。不得中途随意更换作业人员。

(3)拆除中使用的垂直运输设备和机具，必须经检验合格后方准使用。滑模装置拆除前，应检查各支撑点埋设牢固情况，以及作业人员上下走道是否安全可靠。当拆除工作利用在施结构作为支撑点时，对结构混凝土强度的要求，应经结构验算确定，且不低于 15MPa。

(4)拆除作业必须在白天进行，宜采用分段整体拆除，在地面解体。拆除的部件及操作平台上的一切物品，均不得从高空抛下。当遇到雷雨、雾、雪或风力达到五级或五级以上的天气时，不得进行滑膜装置的拆除作业。对烟囱类建筑物宜在顶端设置安全行走平台。

第十五节 防水工程

一、防水工程的一般安全规定

本规定适用于高聚物改性沥青防水卷材、合成高分子防水卷材或沥青防水卷材、高分子涂膜防水。

(1)材料存放于专人负责的库房，严禁烟火，并应挂有醒目的警告标志。

(2)患有皮肤病、眼病、刺激过敏者不得参加防水作业。施工过程中发生恶心、头晕,过敏等现象时,应停止作业。

(3)施工现场和配料场地应通风良好,操作人员应穿软底鞋、工作服,扎紧袖口,并应佩戴手套及鞋盖。涂刷处理剂和黏结剂时,必须戴防毒口罩和防护眼镜,外露皮肤应涂擦防护膏。操作时严禁用手直接揉擦皮肤。

(4)装卸溶剂的容器,必须配软垫,不准猛推猛撞。使用容器后,其容器盖必须及时盖严。

(5)使用液化气喷枪及汽油喷灯点火时,火嘴不准对人。汽油喷灯加油不得过满,打气不能过足。

(6)防水卷材采用热熔黏结,使用明火(中喷灯)操作时,应申请办理用火证,并设专人看火。配有灭火器材,周围 30m 以内不准有易燃物。

(7)在坡度较大的 屋面运油,应穿防滑鞋,设置防滑梯,清扫屋面上的砂粒等。油桶下设桶垫,必须放置平稳。

(8)屋面四周没有女儿墙和未搭设外脚手架时,施工前必须搭设好防护栏杆,其高度应高出沿周边 1.2m。防护栏杆应牢固可靠。

(9)雨、雪、霜天应待屋面干燥后施工,六级以上大风应停止室外作业。

二、防水工程施工的安全准备工作

(1)熔化桶装沥青,先将桶盖和气眼全部打开,用铁条串通后,方准烘烤,并经常疏通放油孔和气眼,严禁火焰与油直接接触。

(2)熬油炉灶必须距建筑物 25m,上方不得有电线,地下 5m 内不得有电缆,锅与烟囱的距离应大于 80cm,锅与锅之间的距离应大于 2m,火口与锅边应有高 70cm 的隔离设施。临时堆放沥青燃料的场地,离锅不小于 5m,并应配备锅盖或铁板、灭火器、沙袋等消防器材。

(3)熬沥青前,应清除锅内杂质和积水。

(4)加入锅内的沥青不得超过锅容量的 3/4。下料应慢慢溜放,严禁大块投放。熬油的作业人员应严守岗位,注意沥青温度变化。随着沥青温度变化应慢火升温。沥青熬制到由白烟转黄到红烟时,应立即停火。如着火,应用锅盖或铁板覆盖。地面着火,应用灭火器、干砂等扑火,严禁浇水。下班熄火,并闭炉门、盖了锅盖。

(5)下班清洗工具,未用完的溶剂必须装入容器,并将盖盖严。

(6)配制、贮存、涂刷冷底子油的地点严禁烟火,并不得在 30m 以内进行电焊、气焊等明火作业。

(7)配制冷底子油,下料应分批、少量、缓慢,不停搅拌,不得超过容器的 1/2,温度不得超过 80℃,并严禁烟火。

(8)运上屋面的材料,如卷材、鱼眼砂等,应平均分散堆放,随用随运,不得集中堆料。在坡度较大的屋面上堆放卷材时,应采取措施,防止滑落。

(9)配制速凝剂时,操作人员必须戴胶皮手套或胶皮手指套。

(10)处理漏水部位,须用手接触掺促凝剂的砂浆时,要戴胶皮手套或胶皮手指套。

(11)铺贴垂直墙面卷材,其高度超过 1.5m 时,应搭设牢固的脚手架。

三、防水施工的安全要求

(1)用热玛蹄脂粘铺卷材时,浇油和铺毡人员,应保持一定距离,浇油时,檐口下方不得有人行走或停留。

(2)装运沥青的勺、桶、壶等工具,不得用锡焊。盛油量不得超过容器的 2/3。

(3)运输时,肩挑或用手推车,道路要平坦,绳具要牢固,吊运时油桶下方 10m 半径范围内严禁站人。

(4)浇热沥青时,必须注意屋面的缝隙和小洞,防止沥青滴落。浇屋面四周边沿时,要随时拦扫下淌的沥青,以免流落下方,并应通知下方人员注意避开。檐口下方不得有人行走或停留,以防沥青流落伤人。

(5)浇热沥青与铺贴卷材的操作人员应保持一定距离,并根据风向错位,壶嘴要向下,不准对人,浇至四周边沿时要侧身操作,以避免热沥青飞溅烫伤。

(6)避免在高温烈日下施工。

(7)在地下室、基础、池壁、管道、容器内进行有毒、有害的涂料和涂抹沥青防水等作业时,应有通风设备和防护措施,并应定时轮换操作。

(8)地下室防水施工的照明用电,其电源电压应不大于 36V;在特别潮湿的场所,其电源电压不得大于 12 V。

第十六节 玻璃工程

玻璃工程施工的安全要求。

(1)玻璃搬运前,应先检查玻璃箱的牢固情况、清除搬运道路上的障碍物。人力搬运零散玻璃时,操作者要戴手套或垫布、厚纸等,以防被玻璃划伤。用小平车、汽车运玻璃时玻璃箱应立放,垫平垫稳。停车时应停在平坦的地面上。整箱卸玻璃,起吊、落地要立放垫稳防止倾倒。开箱后人工分块卸车时,应安排人站在玻璃箱两头扶稳玻璃,防止玻璃倾倒伤人。放玻璃时,要立放并与地面有一定角度,防止玻璃倾倒。

(2)裁划玻璃要小心,应在指定场所进行。裁好的成料要按规格分别立靠在墙或支架上,并与地面有一定的角度。裁下的边角余料要集中堆放,并及时处理,不得乱丢乱扔,以防扎伤他人。

(3)安装玻璃时,作业人员所使用的工具要放入工具袋内,随安随取,同时严禁将铁钉含于口内。使用的木梯,严禁靠在门、窗扇及玻璃上。

(4)玻璃要随安随钉牢,玻璃未钉牢前,不得停工撤离工作岗位;并在安装完后,应随即将风钩挂好或插上插销,以防风吹窗扇碰碎玻璃掉落伤人。

(5)在高处安装玻璃，操作人员应站在脚手板上作业。玻璃应平放在脚手板的适当位置。安装屋顶采光玻璃，应铺好脚手板后再安装。

(6)安装窗扇玻璃时要按顺序依次进行，不得在垂直方向的上下两层同时作业，以避免玻璃破碎掉落伤人。天窗及高层房屋安装玻璃时，施工点的下面及附近严禁行人通过，以防玻璃及工具掉落伤人。

(7)安装完后所剩下的残余破碎玻璃应及时清扫和集中堆放，并要尽快处理，以避免玻璃碎屑伤人。

第十七节　油漆工程

一、油漆工程施工的安全要求

(1)各类油漆，因其易燃或有毒，故应存放在专用库房内，不允许与其他材料混堆。对挥发性油料必须存于密闭容器内，并设专人保管。库房应通风良好，不准住人，并设置消防器材和“严禁烟火”明显标志。库房与其他建筑物应符合防火规定。在喷涂硝基漆或其他挥发性、易燃性溶剂稀释的涂料时不准使用明火。

(2)使用钢丝刷、板锉、气动、电动工具清除铁锈、铁鳞时为避免眼睛沾污和受伤，需戴上防护眼镜、口罩。用喷砂除锈时，喷砂前应检查设备、管道、压力表等是否正常。喷嘴接头要牢固，不准对人。停车后应待喷砂管路内压缩空气排净后才能放喷灯。喷嘴堵塞时，必须立即停机，待消除管内压力后才能修理与更换。

(3)酸洗除锈时，操作人员必须按规定穿好防护服(衣、帽、鞋、袜)、戴好防护眼镜、口罩。配制稀硫酸液时，必须将硫酸缓缓倒入水中，且酸洗池内酸液液位要适当。酸洗时，要严格控制酸洗液外溢或溅出池外。下班后要关窗、锁门，并派专人值班。

(4)使用煤油、汽油、松香水、丙酮等易燃物调配油料、地板刷聚氨酯清漆、墙面油漆、室内或容器内喷漆，都必须穿戴好防护用品。其操作地点要通风良好，严禁烟火，严禁吸烟。采用静电喷涂，为避免静电积聚，喷涂室(棚)应有接地保护装置。

(5)刷窗户时，严禁站或骑在窗槛上操作，以防槛断人落。刷外开窗扇漆时，应将安全带挂在牢靠的地方。刷封檐板、水落管等应搭设脚手架或吊架。在大于25°的铁皮屋面上刷油，应设置活动板梯、防护栏杆和安全网。

(6)涂刷大面积场地时，其临时照明和其他电器，必须按防爆等级规定进行安装。

(7)操作人员在涂刷红丹防锈漆及含铅颜料的油漆时，要注意防止铅中毒，作业时要戴上口罩。

(8)使用喷灯，加油不得过满，打气不应过足，使用的时间不宜过长，点火时火嘴不准对人。

(9)喷漆用的机械，应及时维护保养，并设专人保管。其压力表、安全阀应及时校验，确保灵敏可靠。

(10)施工场地应有良好的通风条件,如在通风条件不好的场地施工时,必须安置通风设备,方能施工。涂刷作业过程中,操作人员如感头痛、恶心、胸闷或心悸时,应立即停止作业到户外换取新鲜空气,如仍不舒畅,应去医疗部门诊治。

(11)沾染油漆或稀释油类的棉纱、破布等物,应全部收集存放在有盖的金属箱内,待不能使用时应集中销毁或用碱剂将油污洗净以备再用。使用喷浆机,手上沾有浆水时,不准开关电闸,以防触电。喷嘴堵塞,疏通时不准对人。

(12)二层及以上外门、窗刷油、安玻璃等作业,操作人员必须戴安全带,并将其挂在牢固可靠的地方。高度超过 4m 的单层厂房或楼层上部的油漆、玻璃作业,要搭设脚手架。遇有上下立体交叉作业时,作业人员不得在同一垂直方向上操作。

(13)冬季喷刷油漆,因天冷油漆必须加温时,应用水煮油罐。严禁直接把油罐放在火上烘烤。油漆内必须掺加易挥发的溶剂时,其操作地点必须严禁烟火、远离火源。

二、苯中毒及预防措施

苯:无色透明有芳香味的液体,沸点 80℃,极易挥发,涂料工业中作为溶剂。

(1)中毒表现:头痛、头晕、记忆力减退、无力、失眠等。另外,苯还能引起皮肤干燥瘙痒,发红,热苯可引起皮肤水泡,有时还出现脱脂性皮炎。

(2)预防措施:

①强自然通风和局部通风。

②加强卫生宣传,不能用苯洗手。

三、铅中毒及预防措施

铅:包括铅白、铅铬绿、红丹、黄丹等含铅化合物。

(1)中毒表现:它是一种比较慢性的中毒的化合物,日久方能发觉体弱易倦,食欲不振,体重减轻,脸色苍白,肚痛,头痛,关节痛等。

(2)预防措施:

①用偏硼酸钡,云母氧化铁,铝粉,铁红或铝红粉等防锈漆来代替红丹防锈漆。

②饭前洗手,下班淋浴。

③必须采用红丹防锈漆,以刷涂施工为宜,应加强通风等防护措施。

四、刺激性气体伤害及预防措施

(1)刺激性气体:如氯气,对眼睛,呼吸道以及皮肤有损害。

(2)防护措施:

①加强个人防护,掌握有关防治知识。

②加强通风和局部机械通风,使操作场所有害气体浓度降低到最高容许浓度下限。

五、汽油中毒及预防措施

汽油:系无色透明液体,具有挥发性。

(1)中毒表现:在超过汽油蒸汽最高容许浓度的环境长期工作,能发生神经系统和造血系统损害,皮肤接触后也可能产生皮炎、湿疹和皮肤干燥。

(2)预防措施:

①改善生产环境,加强排风,在高浓度环境工作时,要戴防毒面具。

②手上可涂保护性糊剂进行保护。工作结束后,用水和肥皂洗净。

六、生漆的毒性及预防措施

(1)生漆的毒性:生漆内的漆酚是使人体皮肤过敏性的刺激物,0.001g 的生漆即可使敏感动物产生皮疹。大多数初与生漆接触的人,易得过敏性皮炎。

(2)对漆疮的预防措施:

①施工现场要有较好的通风条件,施工人员施工前必须把劳动防护用具穿戴齐全,以尽量减少皮肤裸露处,减少人体沾漆之可能性。

②施工前在皮肤裸露处涂一层甘油、食用植物油或护肤防裂膏、香脂、专门配制的防护油膏等。

③施工后即使双手未沾上生漆,也必须清洗后才能与其他皮肤接触。

第十八节 幕墙工程

幕墙工程施工须遵守相关的安全操作规程。

(1)玻璃幕墙安全操作规程适用于建筑高度不大于150m,抗震设防裂度不大于8度的隐框玻璃幕墙,半隐框玻璃幕墙、明框玻璃幕墙、全玻璃幕墙支承玻璃幕墙工程。

(2)石材幕墙安全操作规程适用于建筑高度不大于150m,抗震设防裂度不大于8度的石材幕墙安装工程。

(3)金属板幕墙安全操作规程适用于建筑高度不大于150m 的金属幕墙工程。

(4)幕墙骨架、面层安装时,距墙面的操作距离根据图纸尺寸调整适当,幕墙制品厚度通常为160~250mm,操作空间留置一般200mm,施工用脚手架注意调整好距离,如若用吊篮,悬挑钢梁挑出长度必须满足施工要求,一般距原墙面360~450mm。

(5)幕墙工程中面层一般自重较大,如石材、玻璃等,在钢管式脚手架或吊篮安装时,设计活动荷载时应加大系数处理。脚手架搭拆及使用符合有关规定。

(6)机具设备使用符合有关安全要求。

第十九节 拆除工程

一、拆除工程的一般安全规定

(1)拆除工程的建设单位与施工单位在签订施工合同时,应签订安全生产管理协议,明确双方的安全管理责任。建设单位、监理单位对拆除工程施工安全负检查督促责任;施工单位对拆除工程的安全技术管理负直接责任。

(2)建设单位应向施工单位提供以下资料:

①拆除工程的有关图纸和资料。

②拆除工程涉及区域的地上、地下建筑及设施分布情况资料。

(3)建设单位应负责作好影响拆除工程安全施工的各种管线的切断、迁移工作。当建筑外侧有架空线路或电缆线路时,应与有关部门取得联系,采取防护措施,确认安全后方可施工。

(4)施工单位应全面了解拆除工程的图纸和资料,进行实地勘察,按照国家和建设行政主管部门有关技术规范,编制施工方案和安全技术措施。

(5)拆除工程施工区域应设置硬质围挡,围挡高度不应低于 1.8m 的硬质围挡,市区主干道两侧不应低于 2.5m。非施工人员不得进入施工区。临街的被拆除建筑与交通道路应有一定的安全距离,当不能满足安全要求时,必须采取相应的安全隔离措施。

(6)在拆除作业前,施工单位应在拆除作业前检查建筑内各类管线情况,确认全部切断后方可施工。

(7)拆除施工应分段进行,不得垂直交叉作业。作业面孔洞应封闭。

(8)采用起重机械拆除建筑时,应从上至下,逐层、逐段进行。先拆除非承重结构,再拆除承重结构。对于只进行部分拆除的建筑,必须先将保留部分加固,再进行分离拆除。

(9)施工中必须由专人负责监测被拆除建筑的结构状态,并做好记录。当发现有不稳定状态时,必须停止作业,采取有效措施,消除隐患。

二、拆除工程施工的安全要求

(1)机械拆除时,严禁超载作业或任意扩大使用范围,供机械设备使用的场地必须保证足够的承载力。作业中不得同时回转、行走。机械不得带故障运转。

(2)当进行高处拆除作业时,对较大尺寸的构件或沉重的材料,必须采用起重机及时吊下,拆卸下来的各种材料及时清理,分类堆放在指定场所,严禁向下抛掷。

(3)拆除框架结构建筑,必须按楼板、次梁、主梁、柱子的顺序进行施工。拆除大型构件时,必须采用绳索将其拴牢,待起重机吊稳后,方可进行气焊切割作业。吊运过程中,应采用辅助绳索控制被吊物处于正常状态。

(4)清除屋顶防水层。施工人员上下屋顶要走专用通道,不得赤脚或穿硬底鞋作业。

(5)拆除屋面板。用起重机吊住屋面板四个吊环,如原有吊环严重锈蚀或损坏,则采取两根带子绳兜屋面板两端的吊装方法,气割焊缝要彻底清理干净。吊装时不得猛拽,用撬棍配合,等屋面板完全脱离屋架才允许起重机正常作业。拆除边缘的屋面板时,作业人员要挂好安全带,采取防滑措施。

(6)拆除圈梁及砖墙。用人工清理圈梁以上的砖墙,应事先搭设作业平台,且保证其强度满足安全要求。

(7)拆除折线屋架。用吊车挂好屋架吊装点，如果吊装点已经损坏或不能满足安全作业要求，应采用钢丝绳兜住吊装点附近的屋架节点，注意保护系杆。用气割割断屋架和混凝土柱的焊缝，确定完全割开后，拴好溜绳，平稳吊下。

(8)拆除行车梁。清除行车梁和混凝土柱接缝处的混凝土，割开连接角钢，用起重机吊住行车梁的吊点，气割开底部两侧焊缝，平稳吊下。

(9)吊柱子。先用起重机吊住柱子，防止柱基突然粉碎使柱子倾倒，然后爆破柱基。

(10)从事爆破拆除工程的施工单位，必须持有关部门核发的《爆破物品使用许可证》，从事爆破拆除施工的作业人员应持证上岗。

第六章　安装工程的安全知识

第一节　电 气 安 装

一、电气安装的一般安全规定

(1)特殊工种作业人员必须按照国家有关规定经过专门的安全作业培训,并取得特种作业操作资格证书后,方可上岗作业。进入施工现场应佩戴齐全个人安全防护用品,如安全帽、绝缘鞋,2m 及以上作业系好安全带,使用旋转机械戴防护镜。

(2)施工单位应在施工组织设计中编制安全技术措施;分项工程开工前应进行安全交底,班前应有安全活动记录,新工人入场要进行三级教育。

(3)施工现场建立消防安全责任制度,确定消防安全责任人,制定用火、用电、使用易燃易爆材料等各项消防安全管理制度和操作规程,设置消防通道、消防水源,配备消防设施和灭火器材,并在施工现场出入口设置明显标志。

(4)作业人员进入新的岗位或者新的施工现场前,应当接受安全生产教育培训。未经教育培训或者教育培训考核不合格的人员,不得上岗作业。施工单位在采用新技术、新工艺、新设备、新材料时,应当对作业人员进行相应的安全生产教育培训。

(5)施工单位应当根据建设工程的特点、范围,对施工现场易发生重大事故的部位、环节进行监控,制定施工现场生产安全事故应急救援预案。实行施工总承包的,由总承包单位统一组织编制建设工程生产安全事故应急救援预案,工程总承包单位和分包单位按照应急救援预案,各自建立应急救援组织或者配备应急救援人员,配备救援器材、设备,并定期组织演练。

二、成套配电柜、控制柜(屏、台)和动力、照明配电箱(盘)安装的安全要求

(1)大型配电柜在搬运时,应有专人指挥,防止砸伤施工人员。

(2)配电柜(箱、盘、屏)安装完毕试运行前,应最终再检查一遍柜(箱、盘、屏)内、(箱、盘、屏)顶及母线上是否遗留有工具、废弃的导体等,并应彻底清除配电器具上的灰尘、杂物、防止发生短路事故。

(3)通电试运行时,操作人员必须配备相应的劳动保护用品。

(4)施工用电源必须符合有关规定,防止施工阶段发生触电伤人事故。

(5)成排布置的配电柜的长度超过 6m 时,柜后的通道应有两个通向本室或其他房间的出口,并应布置在通道两侧,当两出口间的距离超过 15 米时,中间还应增加出口。

(6)当高压及低压柜需设在同一室内且两者中有一个柜顶有裸露母线时，两者间的净距离不应小于 2m。

(7)柜、屏、台、盘间线路的相间和线对地间绝缘电阻值，馈电线路必须大于 0.5 兆欧，二次回路必须大于 1 兆欧。

(8)配电箱内开关动作灵活可靠，带有漏电保护的回路，漏电保护装置动作电流不大于 30mA，动作时间不大于 0.1s。

(9)配电箱内分别设置零线和保护地线汇流排，零线和保护地线经汇流排配出。

三、低压电动机、电加热器及电动执行机构检查接线的安全要求

(1)施工用临时电源及配电设施应符合有关要求，施工用电设备应合格。

(2)稳装电动机时，大型电动机应使用机械吊运，小型电动机可人力搬运，吊索应绑在专用吊环上，绑扎应牢固，防止吊索脱落伤人。

(3)引至电动机的明敷导线长度小于 0.3m，并应加强绝缘，易受机械损伤的地方应套保护管。

(4)高压电动机的电缆终端头应直接引进电动机的接线盒内。达不到上述要求时，应在接线盒处加装保护措施。

(5)试运行及验收。

四、试运行及验收的安全要求

(1)启动多台电动机时，应按容量从大到小逐台启动，不能同时起动。

(2)电动机试运行一般应在空载的情况下运行，空载运行时间为 2 小时，并做好电动机空载电流电压记录。

(3)电动机试运行接通电源后，如发现电动机不能正常起动和起动时转速很低或声音不正常等现象，应立即切断电源检查原因。

(4)电动机的性能应符合电动机周围工作环境的要求，电动机选择见表 6-1。

表 6-1 电动机选择

序　号	安 装 地 点	采用电动机型号
1	一般场所	防护式电动机
2	潮湿场所	防滴式及有耐潮绝缘电动机
3	有粉尘多纤维及有火灾危险性的场所	封闭式电动机
4	易燃、易爆炸的危险场所	防爆式电动机
5	有腐蚀性气体有蒸汽侵蚀的场所	密封式及耐酸绝缘电动机

(5)电动机应测定绝缘电阻，1kV 以下电动机使用 1kV 摇表摇测，绝缘电阻值不低于 1 兆欧。

五、裸母线、封闭母线、插接母线的安全要求

(1)施工用电源、临时用电设施应符合有关要求；施工用电设备应合格。

(2)封闭、插接母线在安装搬运过程中应注意防止砸伤碰伤施工人员。

(3)在进行绝缘电阻摇测时,应防止施工人员、其他人员触及正在摇测的导体造成伤害。

(4)母线支持点的间距,低压母线不得大于900mm,高压母线不得大于1200mm。低压母线垂直安装且支持点间距无法满足要求时,应加装母线绝缘板。

(5)检查送电:

①母线安装完后,要全面地进行检查,清理工作现场的工具、杂物,并与有关单位人员协商好,请无关人员离开现场。

②母线送电前,应进行耐压试验,500V以下母线可用500V摇表摇测,绝缘电阻不小于0.5兆欧。

③送电要有专人负责,送电程序应为先高压后低压;先干线后支线;先隔离开关后负荷开关。停电时与上述顺序相反。

④车间母线送电前应先挂好有电标志牌,并通知有关单位及人员,送电后应有指示灯。

(6)母线的相序排列及涂色,当设计无要求时应符合下列规定:

①上、下布置:交流母线由上至下排列为A、B、C相;直流母线正极在上,负极在下。

②水平布置:交流母线由盘后向盘前排列为A、B、C相;直流母线正极在后,负极在前。

③面对引下线:交流母线由左至右排列为A、B、C相;直流母线正极在左,负极在右。

④涂色:交流母线A相黄色、B相为绿色、C相为红色;直流母线正极为赭色,负极为蓝色;在连接处或支持件边缘两侧10mm以内不涂色。

六、压板与母线间间隙的安全要求

(1)除固定点外,当母线平置时,母线支持夹板的上部压板与母线间有1～1.5mm的间隙;当母线立置时,上部压板与母线间有1.5～2mm的间隙。

(2)母线采用螺栓搭接时,连接处距绝缘子的支持夹板边缘不小于50mm。

七、电缆桥架安装和电缆敷设的安全要求

(1)高处作业时,使用的叉梯应有拦腰绳,梯脚应有防滑措施。

(2)施工用临电及配电设施应符合用关要求,施工用电设备应合格。放电缆用的支架安装要牢固,防止支架倾倒电缆轴伤人。

(3)进行绝缘电阻摇测时,应防止施工人员和其他人员触及正在摇测的电缆芯线。电缆摇测完毕后应对电缆进行放电处理。

(4)支架与吊架的规格一般不应小于扁铁30mm×3mm;角钢25mm×25mm×3mm。

(5)严禁用电气焊切割钢结构或轻钢龙骨任何部位,焊接后均应做防腐处理。

(6)轻钢龙骨上敷设桥架应有单独的卡具吊装或支撑系统,吊杆直径不应小

于 8mm。

(7)桥架的所有非带电部分的铁件均应相互连接和跨接,使之成为一个连续导体,并做好整体接地。

(8)桥架经过建筑物变形缝(伸缩缝、沉降缝)时,桥架本身应断开,桥架内用连接板搭接,不需要固定。保护地线和桥架内电缆或导线均应留有补偿余量。

(9)保护地线:

①保护地线应根据设计图要求利用镀锌扁钢通长敷设在桥架内侧,也可在桥架连接处作跨距接地线,跨接接地线应采用不小于 $4mm^2$ 的多股铜导线,采用该方法时,桥架全长至少应有两处与接地干线相连。

②镀锌桥架可利用连接板作跨接地线,但连接板两端应各有两个以上有防松装置的螺栓固定。

(10)电缆敷设:

①1kV 以下电缆,用 1kV 摇表检测线间及对地的绝缘电阻应不低于 10 兆欧。

②纸绝缘电缆测试不合格者,应检查线芯是否受潮,如受潮,可锯掉一段再测试,直到合格为止。检查方法是:将芯线绝缘纸剥下一块,如发出叭叭声,即电缆已受潮。

③电缆测试完毕,油浸纸绝缘电缆应立即用焊料(铅锡合金)将电缆头封好。其他电缆应用橡皮包布密封后再用黑包布包好。

(11)放电缆机具的安装:采用机械放电缆时,应将机械选好适当安装,并将钢丝绳和滑轮安装好。人力放电缆时将滚轮提前安装好。

(12)电缆的搬运及支架架设:

①电缆短距离搬运,一般采用滚动电缆轴的方法。滚动时应按电缆轴上的箭头指示方向滚动。如无箭头时,可根据电缆缠绕方向滚动,且不可反缠绕方向滚动,以免电缆松弛。

②电缆支架的架设地点应选好,以敷设方便为准,一般应在电缆起止点附近为宜。架设时,应注意电缆轴的转动方向,电缆引出端应在电缆轴的上方。

(13)电缆沟水平敷设:不同等级电压的电缆应分层敷设,高压电缆应敷设在上层。

(14)竖井内垂直敷设:

①垂直敷设,有条件的最好自上向下敷设。土建未拆除塔吊前,将电缆吊至楼层顶部。敷设时,同截面电缆应先敷设底层,后敷设高层,要特别注意,在电缆轴附近和部分楼层应采取防滑措施。

②自上向下敷设时,低层、小截面电缆可用滑轮大绳人力牵引敷设。高层大截面电缆宜用机械牵引敷设。

③沿支架敷设时,每层最少加装两道卡固支架。敷设时,应放一根立即卡固一根。

④电缆穿过楼板时,应装套管,敷设完毕后,应根据设计规定的防火分区,用防火

材料进行封堵。

八、导线导管、电缆导管和线槽敷设的安全要求

(1)明配管使用脚手架时,架体应搭设牢固,并应经过验收。

(2)使用叉梯时,叉梯应绑好拦腰绳,梯脚应采取防滑措施。

(3)人工煨弯时,操作前应检查煨弯器是否合格,防止煨弯器断裂摔伤操作人员。

(4)在操作层施工时,不许操作人员在操作层边缘煨弯,防止脚下失稳发生高处坠落事故。

(5)施工用电源、临时配电设施应符合有关要求;所用机械设备应合格。

(6)配线与管道的最小距离见表 6-2。

表 6-2 配线与管道的最小距离 (mm)

管道名称		配线方式	
		穿管配线	绝缘导线明配
		最小距离	
蒸汽管	平行	1000	1000
		(500)	(500)
	交叉	300	300
暖、热水管	平行	300	300
	交叉	(200)	(200)
		100	100
通风、上下水压缩空气管	平行	100	200
	交叉	50	100

注:①表内有括号者为在管道下边的数据。

②达不到表中距离时,应采取下列措施:

蒸汽管——在管外包隔热层后,上下平行净距可减至 200mm,交叉距离须考虑便于维修,但管线周围温度应经常在 35℃以下;

暖、热水管——包隔热层

(7)地线连接:管路应做整体接地连接,穿过建筑物变形缝时,应有接地补偿装置,采用跨接方法连接。

①焊接:跨接地线两端两面焊接,焊接面不小于该跨接线截面的 6 倍。焊缝均匀牢固,焊接处要清除药皮,刷防腐漆。跨接地线的规格见表 6-3。

表 6-3 跨接地线的规格 (mm)

管径	圆钢	扁钢
15～25	5	—
32～40	6	—
50～65	10	25×3
70 以上	8×2	(25×3)×2

②卡接：镀锌钢管或可挠金属电线保护管，应用专用接线卡连接，不得采用熔焊连接地线，以专用接地卡跨接的两卡间连线为铜芯软导线，截面积不小于 $4mm^2$。

(8)预制梁柱和预应力楼板均不得随意剔槽打洞。混凝土楼板、墙不得私自断筋。

(9)金属线槽不做设备的接地导体，当设计无要求时，金属线槽全长不少于两处与接地或接零干线连接。非镀锌金属线槽连接板两端跨接铜芯接地线，镀锌线槽间连接板两端不跨接接地线，但连接板两端不少于 2 个带防松垫圈的连接螺栓。

九、电线、电缆穿管、线槽敷线、槽板配线的安全要求

(1)管内穿带线时，不允许一人穿带线，另一人在管口处张望，防止所穿带线伤及眼睛。

(2)高处穿线时，使用的叉梯应牢固，叉梯应绑好拦腰绳，梯脚应有防滑措施。

(3)穿线过程中，拉线人员与送线人员应配合良好，严禁拉线人员用猛力抽拉。

(4)当管内穿线数量较多，或穿线困难时，应在管内灌入适量的滑石粉，以减小摩擦阻力。

(5)使用喷灯熔化焊锡时，喷灯内灌注的油量不能超过喷灯容积的 2/3。

(6)使用焊锡锅涮锡时，焊锡锅内的锡量不能太多，防止焊锡溢锅伤人。

(7)摇测绝缘电阻时，严禁人员接触正在摇测的导体。

(8)剥削绝缘方法：

①单层剥法：不允许采用电工刀转圈剥削绝缘层，应使用剥线钳。

②分段剥法：一般适用于多层绝缘导线剥削，如编织橡皮绝缘导线，用电工刀先剥去外层编织层，并留有约 12mm 的绝缘台，线芯长度随接线方法和要求的机械强度而定。

③斜削法：用电工刀以 45°角倾斜切入绝缘层，当切近线芯时就应停止用力，接着应使刀面的倾斜角度改为 15°左右，沿着线芯表面向前头端部推出，然后把残存的绝缘层剥离线芯，用刀口插入背部 45°角削断。

十、电缆头制作、接线和线路绝缘测试的安全要求

(1)施工用临时供电电源及设施符合有关要求，临时用电设备合格。

(2)制作铠装电缆头时，钢铠必须用铅丝绑好，再开始锯掉多余的钢铠，完毕后将钢铠上的毛刺、尖锐及锋利部位用钢锉挫平。

(3)铠装电力电缆头的接地线应采用铜绞线或镀锡铜编织线，电缆芯线和接地线截面积对照见表 6-4。

表 6-4 电缆芯线和接地线截面积对照 （mm^2）

电缆芯线截面积	接地线截面积
120 及以下	16
150 及以上	25

注：电缆芯线截面积在 16 mm^2 及以下，接地线截面积与电缆芯线截面积相等。

(4)低压电线和电缆，线间和线地间的绝缘电阻值必须大于0.5兆欧。电缆检测完毕后，应将电缆芯线分别对地放电。

十一、架空线路及杆上电气设备安装的安全要求

(1)立杆时，应在电杆的适当部位挂上钢丝绳，吊索拴好缆风绳，挂好吊钩，在专人指挥下起吊就位。当电杆顶部吊离地面15m左右时，应停止起吊，检查各部件、绳扣等是否安全，确认无误后再继续起吊。

(2)杆上作业前，应检查安全带、脚扣是否合格，合格后方可上杆作业。

(3)杆上作业时，杆位四周应圈定适当范围的作业区，作业区内不许站人，以防坠落物伤人。

(4)紧线时，应先将两根边线用人力适当拉紧，然后再用紧线器紧线，防止横担及电杆被拉偏。

(5)熟悉施工图，掌握管道、电缆等地下设施分布情况，图纸中标定的杆位周围障碍物已清除。

(6)各种材料准备齐全，预架线路上方的障碍物已处理完毕，放线时若需穿越其他线路，越线保护架应搭设完毕。

(7)直线杆单横担应装于受电侧，终端杆、转角杆的单横担应装于拉线侧。横担的上下歪斜和左右扭斜，从横担端部测量不应大于20mm，横担等镀锌制品应热浸镀锌。

(8)相间距离不小于350mm，电源侧引线铜线截面积不小于16mm^2、铝线截面积不小于25mm^2，接地侧引线铜线截面积不小于25mm^2、铝线截面积不小于35mm^2。与接地装置引出线连接可靠。

十二、钢索配线的安全要求

(1)施工时使用的叉梯应有拦腰绳，梯脚应有防滑措施。

(2)施工用临电及配电设施应符合有关要求，施工用电设备应合格。

(3)进行绝缘电阻摇测时，应防止施工人员和其他人员触及正在摇测的电缆芯线。

(4)钢索布线所采用的钢绞线的截面，应根据跨距、荷重和机械强度选择，最小截面不宜小于10mm^2。钢索的固定件应刷防锈漆或采用镀锌件。钢索的两端应拉紧，当跨距较大时应在中间增加支持点，中间支持点的间距不应大于12m。

(5)在钢索上吊装金属管或塑料管布线时，应符合下列要求：

①钢索上吊装金属管或塑料管支持点的最大间距见表6-5。

表6-5 钢索上吊装金属管或塑料管支持点的最大间距 (mm)

布线类别	支持点间距	支持点距灯头盒
金属管	1500	200
塑料管	1000	150

②吊装接线盒和管路的扁钢卡子的宽度不应小于 20mm，吊装接线卡子的数量不应小于 2 个。

(6)安装保护地线：钢索就位后，在钢索的一端必须装有明显的保护地线。金属管路装成接地系统时，钢索可不再装设接地保护。

(7)应采用镀锌钢索，不应采用含油芯的钢索。钢索的钢丝直径应小于 0.5mm，钢索不应有扭曲和断股等缺陷。

(8)钢索的终端拉环埋件应牢固可靠，钢索与终端拉环套接处应采用心形环，固定钢索的线卡不应少于 2 个，钢索端头应用镀锌铁丝绑扎紧密，且应接地或接零可靠。

(9)当钢索长度在 50m 及以下时，应在钢索一端设花篮螺栓紧固；当钢索长度大于 50m 时，应在钢索两端装设花篮螺栓紧固。

(10)钢索中间吊架间距不应大于 12m，吊架与钢索连接处的吊钩深度不应小于 20mm，并应有防止钢索跳出的锁定零件。

(11)钢索配线的零件间距和线间距离见表 6-6。

表 6-6 钢索配线的零件间距和线间距离 (mm)

配线类型	支持件间最大距离	支持件与灯头盒间最大距离
钢管	1500	200
刚性绝缘导管	1000	150
塑料护套线	200	100

十三、灯具安装的安全要求

(1)施工用叉梯必须牢固，叉梯绑好拦腰绳，梯脚应有防滑措施。

(2)施工用临电及配电设施应符合有关要求，施工用电设备应合格。

(3)进行绝缘电阻检测时，应防止施工人员和其他人员触及正在检测的电缆芯线。

(4)回路送电前，回路已经过绝缘电阻检测并合格；送电时要逐回路送电。防止发生短路故障。

(5)灯具的固定应符合下列规定：

①灯具重量大于 3kg 时，固定在螺栓或预埋吊钩上；

②软线吊灯，灯具重量在 0.5kg 及以下时，采用软线自身吊装；大于 0.5kg 的灯具采用吊链，且软电线编叉在吊链内，使电线不受力；

③灯具固定牢固可靠，不使用木楔。每个灯具固定用螺钉或螺栓不少于 2 个；当绝缘台直径在 75mm 及以下时，采用 1 个螺钉或螺栓固定。

(6)花灯吊钩圆钢直径不应小于灯具挂销直径，且不应小于 6mm。大型花灯的固定及悬吊装置，应按灯具重量的 2 倍做过载试验。

(7)当钢管做灯杆时，钢管内径不应小于 10mm，钢管厚度不应小于 1.5mm。

(8)固定灯具带电部件的绝缘材料以及提供防触电保护的绝缘材料，应耐燃烧和防明火。

(9)当设计无要求时，灯具的安装高度和使用电压等级应符合下列规定：

①一般敞开式灯具，灯头对地面距离不小于下列数值(采用安全电压时除外)。

室外：2.5m(室外墙上安装)；厂房：2.5m；室内：2m；软吊线带升降器的灯具在吊线展开后：0.8m。

②危险性较大及特殊危险场所，当灯具距地面高度小于2.4m时，使用额定电压36V及以下的照明灯具，或有专用保护措施。

(10)当灯具距地面高度小于2.4m时，灯具的可接近裸露导体必须接地或接零可靠，并应有专用接地螺栓，且有标识。

(11)引向每个灯具的导线线芯最小截面积见表6-7。

表6-7 导线线芯最小截面积 (mm^2)

灯具安装的场所及用途		线芯最小截面积		
		铜芯软线	铜线	铝线
灯头线	民用建筑室内	0.5	0.5	2.5
	工业建筑室内	0.5	1.0	2.5
	室外	1.0	1.0	2.5

十四、开关、插座、风扇安装的安全要求

(1)施工用叉梯必须牢固，叉梯绑好拦腰绳，梯脚应有防滑措施。

(2)施工用临电及配电设施应符合用关要求，施工用电设备应合格。

(3)插座安装应符合下列规定：

①当不采用安全型插座时，托儿所、幼儿园及小学等儿童活动场所安装高度不小于1.8m；在特别潮湿和有易燃、易爆气体及粉尘的场所应装设专用插座。

②一般接线：

a. 开关接线：电器、灯具的相线应经开关控制。

b. 插座接线：单相两孔插座有横装和竖装两种，横装时，面对插座的右极接相线，左极接零线；竖装时，面对插座的上级接相线，下极接零线。单相三孔及四孔的接地或接零线均应在上方。交、直流或不同电压的插座安装在同一场所时，应有明显区别，且其插头与插座配套，均不能互相代用。

(4)开关安装规定：在易燃、易爆和特别潮湿的场所，开关应分别采用防爆型、密闭型，或安装在其他处所控制；多尘潮湿场所和户外应选用防水瓷制拉线或加装保护箱。

(5)吊扇安装应符合下列规定：

①吊扇挂钩安装牢固，吊扇挂钩的直径不小于吊扇挂销直径，且不小于8mm；有防震橡胶垫；挂销的防松零件齐全、可靠。

②吊扇的扇叶距地高度不小于2.5m。

十五、防雷及接地安装的安全要求

(1)施工使用的临电即临时设施应符合有关要求,临时用电设备应合格。

(2)高空作业时,必须系好安全带,并且在使用前要检查安全带是否合格。

(3)接地体安装:

①接地体顶面埋设深度不应小于0.6m,角钢及钢管接地体应垂直配置。

②垂直接地体长度不应小于2.5m,其相互之间间距一般不小于5m。

③接地体埋设位置距建筑物不宜小于1.5m;遇有垃圾灰渣时,应换土,并分层夯实。

④采用搭接焊时,其焊接长度如下:

a. 镀锌扁钢不小于其宽度的2倍,且至少3个棱边焊接,敷设前需调直,煨弯不得过死,直线段上不应有明显弯曲,并应立放。

b. 镀锌圆钢焊接长度为其直径的6倍,并应双面焊接。

c. 镀锌圆钢与镀锌扁钢连接时,其长度为圆钢直径的6倍。

d. 镀锌扁钢与镀锌钢管(或角钢)焊接时,为了连接可靠,除应在其接触部位两侧进行焊接外,还应直接将扁钢本身弯成弧形(或直角形)与钢管(或角钢)焊接。

(4)接地干线的安装应符合以下规定:

①接地干线穿墙时,应加套管保护;跨越伸缩缝时,应做煨弯补偿。

②接地干线应设有为测量接地电阻而预备的断接卡子;一般采用暗盒接入,同时加装盒盖并做上接地标记。

③接地干线距地面应不小于200mm,距墙壁面不小于10mm;支持件采用40×4的扁钢,尾段制成燕尾状,入孔深度与宽度各为50mm,总长度为70mm。支持件间的水平直线距离一般为1m,垂直部分为1.5m,转弯部分为0.5m。

④接地干线应刷黄绿双色油漆,油漆应均匀无遗漏,但断接卡子及接地端子等处不得刷油。

(5)防雷引下线暗敷设:

①截面不小于25mm×4mm;圆钢直径不小于12mm。

②引下线必须在距地面1.5~1.8m处做断接卡子(一条引下线者除外)。断接卡子所用螺栓的直径不小于10mm,并需加镀锌垫圈和镀锌弹簧垫圈。

③利用主筋作暗敷设引下线时,每条引下线不少于两根主筋。按设计要求设置断卡子或测试点。

④引下线应躲开建筑物的出入口和行人较易接触到的地点以免发生危险。

(6)防雷引下线明敷设:除设计有特殊要求者,镀锌扁钢截面不小于100mm^2,镀锌圆钢直径不小于8mm。将接地线地面以上1.2m段套上保护管或角钢,并卡固及刷红白油漆。

(7)避雷网安装:避雷线如用扁钢,截面不小于100mm^2,如用圆钢直径不小于

8mm。避雷网分明网和暗网两种，暗避雷网网格越密，其可靠性就越好。网格的密度应视建筑物的重要程度而定。重要建筑物可使用10m×10m的网格；一般建筑物采用20m×20m的网格即可；如设计有特殊要求应按设计要求去做。

第二节 管道安装

一、管道土方开挖的一般安全要求

管道土方开挖安全要求参见第二章第一节的“一、土石方开挖”。

二、管道敷设安装的安全要求

(1)敷设直径在400mm以上的管材应采用机械下管。

(2)采用机械吊装下管前，应根据施工现场实际情况编制有针对性的起重吊装作业方案。

(3)起重机械司机和指挥人员作业时必须严格遵守起重吊装安全技术操作规程，严禁违章指挥、违章作业、违反劳动纪律。

(4)操作人员应对起吊的管材重量明确核实后，方可起吊。

(5)在道路或居民区作业时，应设专人管理交通。管理交通人员应手持红旗位于明显位置处。

(6)管材下管和支架管道吊装时应设专人指挥。操作人员不得擅自离开工作岗位。

(7)吊装时，应设施工警戒区和禁区标志。

(8)下管时，起重机械距沟边距离不得小于2m，防止起吊受力时造成沟边坍塌。严禁在高压线下方使用起重机下管。

(9)机械下管时，起重臂下面及其旋转半径范围内严禁人员和车辆通行。

(10)吊装当中，严禁在被吊管材上站人或进行其他作业。

(11)吊管时，应设专人指挥，沟内作业人员应远离作业处，对较长的管材应设溜绳，防止管材旋转、摆动。

(12)人工下管时，应设专人指挥。作业时，管材下方严禁进行其他作业或人员停留。

(13)使用起重机稳管时，应待管材放到离槽底0.5m后，作业人员方可站在管子两侧稳管，管材两侧应设掩木。管材就位后，应在两侧挡掩牢固后方可摘钩。

(14)采用塔架下管时，塔架各支撑脚应用木板支设平稳牢固。

(15)用倒链下管、组装阀门及管件时，升降要平稳，如需在起吊件下作业时，应将倒链打结保险，并用道木或支架等将管子和管件支顶稳固，方可从事吊件下作业。

(16)管道安装前，应检查支架安装是否牢固，所用机械设备以及工具是否完好，是否符合施工要求。

(17)稳管时，人与机械配合应设专人指挥，协调一致。管子起吊转位时，吊臂回转半径内不得进行其他作业，严禁人员、车辆停留、通过。

(18)管材未连接前应采取临时固定措施，防止管材滑动。

(19)管材对接时，应设专人指挥，沟槽内管材之间要保持一定的安全距离，作业人员不得站在已到位管子和正在对接的管材之间。

(20)人工打磨坡口时应戴防护眼镜，对面不得站人。

(21)用坡口机加工管子坡口时，坡口机应固定牢固并调整好中心，进刀应缓慢。

(22)用管子板牙套管子丝扣时台钳应固定在平稳的工作平台上，管子应支平、夹牢。松退板牙时，不得站在手柄对面。

(23)管子吊装就位后，应立即安装支吊架。支吊架应一次焊接牢固。未焊好前不得松钩。

(24)压缩支架和吊架弹簧的千斤顶应安放平稳。千斤顶的中心与支架、吊架的中心应对正，不得偏斜。

(25)管道焊接应执行“焊接安全操作规程”。

(26)修理、改造输送易燃、易爆、有毒介质管道前，必须采取隔绝、吹扫、置换措施，并经检测确认无危险后方可作业。

三、管道压力试验的安全要求

(1)管道系统强度与严密性试验，一般应采用液压试验，如因设计结构或其他原因，液压强度试验确有困难时，可用气压试验代替，但必须采取有效的安全措施，并经有关部门批准。

(2)压力试验前应编制试压方案，制定安全措施，并充分考虑施工人员及附近公众与设施安全。压力试验时应设专人负责指挥。

(3)压力试验临时盲板、堵头应经强度计算，不得采用内插式。

(4)大型试压泵周围应设置围栏，非工作人员不得入内。

(5)非试压工作人员不得进入试压区域，气压试验时试压巡检人员应与管线保持6m以上的距离。

(6)升压前，施工负责人必须进行全面检查，待所有人员全部离开后方可升压。

(7)压力试验时，人员不得站在焊缝、盲板、堵头的对面或法兰盘的侧面。

(8)在升压过程中，应停止试验系统上的一切与试验无关的工作。

(9)超压试验时不得进行任何检查工作，工作人员应离开承压部件10m之外，检查工作应待压力降至工作压力以下后方可进行。严禁对承压部件进行敲击。

(10)试压过程中如有泄漏，应泄压后修补，严禁带压操作。

(11)输油输气管道试压应在下沟回填后进行。

四、管道吹扫与清洗的安全要求

(1)管道吹洗前应编制吹洗方案，吹洗前应检验管道支吊架的牢固程度，必要时应予以加固。

(2)吹扫时应设禁区。

(3)蒸汽吹扫时,管道上及其附近不得放置易燃物。

(4)蒸汽吹扫前,应缓慢升温暖管(避免水击),且恒温1小时后进行吹扫,然后自然降温至环境温度,再升温、暖管、恒温进行第二次吹扫,如此反复一般不少于三次。非热力管道不得用蒸汽吹扫。

(5)吹扫忌油管道时,吹扫气体中不得含油。

(6)吹管的出口应设在空旷无人处,打开阀门开始吹管时应先检查出口处,确实无人时方可打开阀门。

(7)吹管间隙要随时检查临时管道的支吊架情况。

(8)装置靶板时操作人员应戴石棉手套。

(9)参加吹管人员必要时应佩戴耳塞,以保护耳膜。

(10)对需要进行化学清洗的管道,化学清洗时,操作人员应穿专用防护服装,并应根据不同清洗液对人体的危害佩带护目镜、防毒面具等防护用具。

(11)搬运和使用化学药剂的人员应熟悉药剂的性质和操作方法,并掌握操作安全注意事项和各种防护措施。

(12)对性质不明的药品严禁用口尝或鼻嗅的方法进行鉴别。

(13)在进行酸、碱作业的地点应备有清水毛巾、药棉和急救中和用的药液。

(14)各种储酸设备应装设溢流管和排气管。

(15)浓硫酸应用无缝钢管输送;浓盐酸应用耐压、耐酸的橡胶管输送。靠近通道的酸管道应有防护设施。

(16)稀释浓硫酸时,严禁将水倒入浓硫酸中;应将浓硫酸缓慢的倒入水中并不断地搅拌。操作人员应穿戴耐酸的防护用品。

(17)酸洗用临时管道应用无缝钢管。直接与浓盐酸接触的阀门应用耐酸衬胶阀门。与稀盐酸或碱液接触的阀门应用铁芯阀门。酸泵和阀门应事先进行检修,填料和垫子应用耐酸材料;系统必须经水压试验合格。

(18)酸洗现场应有医务人员值班并备有下列设施和药品:

①带橡胶软管的冲洗水龙头。

②中和用石灰。

③浓度为0.5%和0.2%的碳酸氢钠,2%的硼酸以及医用凡士林。

(19)被酸洗的设备或系统的最高点应有排至室外的排氢管。

第三节 锅炉安装

一、锅炉安装的一般安全规定

(1)锅炉安装施工过程中涉及起重吊装、焊接切割与探伤、锅炉钢结构安装、附属管道安装、辅机及辅助设备安装、电气安装、临时用电、脚手架、防火防爆、临边防护、高处作业、安全网等方面的内容均应按照相关的安全操作规程执行。

(2)锅炉安装前必须按照相关规定编制锅炉安装施工组织设计和各专业施工方案,并按规定进行审批,各施工方案中必须包括安全技术措施相关内容;项目部应在各工序施工前根据施工方案对班组进行安全技术交底和技术交底,并履行签字手续。

(3)现场使用的机械设备进场时应进行验收,设备状况完好方可进场,并作记录;计量器具应有检定合格证或标志。

(4)特种作业人员焊工、架工、起重司机与指挥、司炉工、电工等操作人员必须持证上岗。

(5)在锅筒、燃烧室、烟道、风道、金属容器内及狭窄部位,应有两人以上在一起作业,照明应使用12V安全电压,外面应有专人监护;作业完毕后,施工负责人应清点人数,检查确实无人和工器具、材料留在内部且无火灾隐患后方可封闭。

(6)不得任意在平台、梁、柱上打凿、开洞、切割;如需打凿、开洞或切割应经有关部门或人员批准。

(7)设备组合支架、组合平台、组件的临时加固方法和临时就位的固定方法等均应有设计并经审批。临时加固件使用后应及时拆除。

(8)严禁在已安装的管道及联箱内存放工具和材料。朝上的管口均应加盖或加塞。

(9)就位后的构件、管道应及时连接牢固,不允许随意放置;点焊的构件、管道等严禁起吊。

(10)在转动、调整、就位、拆装设备部件或在管子对口时,施工人员严禁将手伸入结合面和螺丝孔内。

(11)清理端部轴封、隔板汽封或其他带有尖锐边缘的部件时,应戴帆布手套。

(12)患有高血压、心脏病、癫痫病以及其他不适于沟槽、高处作业的人员,不得从事高处作业。

二、锅炉安装的安全要求

(1)锅炉构架为钢筋混凝土结构时,应预先设计并设置安装高处作业区和通道设施的预埋件。

(2)大型锅炉安装必须使用施工电梯,施工电梯出口处必须设安全通道。

(3)平台、栏杆、梯子应随锅炉组合件或构架的吊装及时安装,并应将一侧的平台、栏杆、梯子尽早接通,并焊接牢固。

(4)安装悬挂式或叠置式锅炉设备时,严禁在设备未连接或未固定好的情况下,继续安装设备。

(5)大型锅炉安装期间,应从炉顶到零米装设一条输送废料和垃圾的垂直通道;每一层平台的垃圾输送口应设盖板,通道下口处应设围栏。清理垃圾时,各层输送口盖板必须加锁。

(6)利用燃烧室的刚性梁做工作平台时,内侧应铺脚手板,外侧应搭设上杆离行走平台高1.2m、下杆离行走平台高0.5m的双层防护栏杆及0.2m的挡脚板。

(7)燃烧室内应尽量避免交叉作业。如需进行交叉作业,必须搭设严密、牢固的隔离层,并铺以防火材料;严禁用安全网代替隔离层。

(8)煮炉、试运行后,在进入燃烧室、烟道或风道前,必须将本炉的给粉机、排粉机、回转式空气预热器、电除尘器等的电源切断,并挂"严禁启动"的警告牌;与运行锅炉相连的烟道、风道,以及燃油系统、燃气系统、吹灰系统等均必须可靠的割断。

(9)水压试验、酸洗、煮炉、试运行后,在进行承压部件的检修或打开汽包人孔门前,必须先将蒸汽、给水、排污、疏水、加药等母管与运行锅炉间的连通阀门关严、上锁,并用堵板堵上;汽包、主蒸汽管道、主给水管道上的空气门必须打开,炉水和汽水管道内的积水放净,压力表指示为零,电动阀门的电源必须切断,并经施工负责人检查认可后方可作业。

三、进入锅筒作业的安全要求

(1)应待锅筒壁温降到50℃以下方可打开人孔门。

(2)打开人孔门应有人监护。当螺帽松到剩2～3扣时,应用木质棍棒撬松人孔门。撬松人孔门时,作业人员不得站在正面。待内部负压消失后,方可卸下螺帽打开人孔门。

(3)进入锅筒前,应用轴流风机通风,待锅筒壁温降到40℃以下后方可进入。

(4)锅筒下部的管孔应盖好,作业人员离开锅筒后,人孔门应加网状封板。

(5)在锅筒内作业时,应遵守本节第一条第(5)项的规定。

(6)在锅筒内动火作业时,严禁向锅筒内输入氧气。

四、水压试验的安全要求

(1)水压试验临时封头应经强度计算,封头不得采用内插式。

(2)大型试压泵周围应设置围栏,非工作人员不得入内。

(3)进水时,管理空气门及给水门的人员不得擅自离开岗位。

(4)升压前,施工负责人必须进行全面检查,待所有人员全部离开后方可升压。

(5)水压试验时,人员不得站在焊缝、人孔、手孔处、堵头的对面或法兰盘的侧面。

(6)在升压过程中,应停止试验系统上的一切与水压试验无关的工作。

(7)超压试验时不得进行任何检查工作,工作人员应离开承压部件10m之外,严禁对承压部件进行敲击,检查工作应待压力降至工作压力以下后方可进行。

(8)进入经水压试验后的金属容器前,应先检查空气门,确认无负压后方可打开人孔门。

五、辅机及辅助设备安装的安全要求

(1)锅炉辅机及辅助设备安装应执行"设备安装安全操作规程"。

(2)吊装有补偿器的烟道、风道、煤粉管道时,补偿器应进行加固;在管道支架安装及对口连接完成前,不得拆除加固件。

(3)风机叶轮及水泵转子找静平衡用的支架应设置稳固,平衡轨道两端应有防止叶轮及转子滚出轨道的措施。

(4)进入煤斗及煤粉仓的作业人员，安全带应系挂在煤斗或煤粉仓外面的牢固处，并应有专人在外面监护。

六、筑炉和保温施工的安全要求

(1)保温材料的包装箱、包装筐或草绳的拆除应在指定地点进行，并应有防火、防尘措施。

(2)装运保温材料的吊笼应符合建筑施工机械的相关规定。

(3)砌砖和保温：

①裸露在保温层外的铁丝头应及时弯倒。

②碎砖块、渣沫应及时清除，严禁向下清扫。

③灰桶、耐火砖和保温材料应放在牢固稳妥的地方。

④喷涂保温时，给料机与喷枪之间应有可靠的信号联系；在清理堵塞的喷枪及管道时，喷枪、管道口的对面严禁站人。

(4)用人工提吊保温材料时，上方接料人员必须站在防护栏杆内侧并系挂好安全带。

七、烘炉、煮炉、酸洗工艺的安全要求

(1)烘炉使用的油料、木材等应有防火措施，由专人保管。

(2)煮炉应在化学专业人员指导下进行，并做好各项记录。

(3)搬运和使用化学药剂的人员应熟悉药剂的性质和操作方法，并掌握操作安全注意事项和各种防护措施。

(4)对性质不明的药品严禁用口尝或鼻嗅的方法进行鉴别。

(5)在进行酸、碱作业的地点应备有清水毛巾、药棉和急救中和用的药液。

(6)各种储酸设备应装设溢流管和排气管。

(7)浓硫酸应用无缝钢管输送；浓盐酸应用耐压、耐酸的橡胶管输送。靠近通道的酸管道应有防护设施。

(8)稀释浓硫酸时，严禁将水倒入浓硫酸中；应将浓硫酸缓慢的倒入水中并不断地搅拌。操作人员应穿戴耐酸的防护用品。

(9)酸洗用临时管道应用无缝钢管。直接与浓盐酸接触的阀门应用耐酸衬胶阀门。与稀盐酸或碱液接触的阀门应用铁芯阀门。酸泵和阀门应事先进行检修，填料和垫子应用耐酸材料；系统必须经水压试验合格。

(10)煮炉及酸洗措施中应有明确的废酸碱液排放注意事项并应符合有关部门排污达标要求。废酸排污应取得当地环保部门的批准。

(11)酸洗现场应有医务人员值班并备有下列设施和药品：

①带橡胶软管的冲洗水龙头。

②中和用石灰。

③浓度为0.5%和0.2%的碳酸氢钠，2%的硼酸以及医用凡士林。

(12)被酸洗的设备或系统的最高点应有排至室外的排氢管。

(13)锅炉用循环法酸洗时,加热汽源的压力应大于清洗液的最大静压,否则应加装逆止阀。

(14)煮炉时碱液的配制与添加:

①碱液箱应做严密性试验。

②加水、加碱应缓慢进行。

③碱液箱应加盖并放在安全可靠处。

④配制碱液应在安全可靠的地点进行。

⑤确认炉内无压力后方可向炉内注入碱液。

八、锅炉安装试运行的安全要求

(1)试运行负责人应组织并指导参加试运行的人员学习有关运行规程、试运行安全施工措施和试运行停、送电联系制度等。

(2)启动应具备下列条件:

①试运行项目验收合格。

②信号、保护装置完善。

③消防设施已投入使用,消防器材充足。

④照明充足,室内照明具备使用条件。

⑤设备及管道保温完毕。

⑥土建工程完工,安装孔洞及沟道盖板已盖好。

⑦通道畅通无阻,易燃物品和垃圾已彻底清除。

⑧脚手架全部拆除。必须保留的脚手架不妨碍运行。

⑨试运行设备与安装设备之间已进行有效的隔离,试运行与施工系统的分界线明确。

⑩所有试运行设备的平台、梯子、栏杆安装完毕。

⑪试运行范围内临时敷设的氧气管道和乙炔管道已全部拆除。

⑫事故放油管畅通并与事故放油池连通。

(3)试运行前必须确认燃烧室、空气预热器、烟道、风道、电气除尘器以及其他容器内的人员已全部撤出。

(4)试运行区域应设栏杆,挂警告牌。

(5)试运行时对运行设备的旋转部分不得进行清扫、擦拭或润滑。擦拭机器的固定部分时,不得把棉纱、抹布缠在手上。

(6)不得在栏杆、防护罩或运行设备的轴承上坐立或行走。

(7)不得在燃烧室、防爆门高温高压蒸汽管道、水管道的法兰盘和阀门、水位计等有可能受到烫伤危险的地点停留。如因工作需要停留时,应有防止烫伤及防汽、防水喷出伤人的措施。

(8)试运行中及试运后的设备检修均应办理工作票。

(9)锅炉点火前,应开动引风机给炉膛通风5～10min,以清除炉膛及烟道中的可燃物质。气、油、煤粉炉点燃时，应先送风，之后投入点燃火炬，最后送入燃料。一次点火未成功需重新点燃火炬时，一定要在点火前给炉膛烟道重新通风，待充分清除可燃物之后再进行点火操作。

(10)司炉人员应持有司炉工操作证，在锅炉试运行过程中应严密监视调整仪表，发现异常情况及时处理。

(11)锅炉有下列情况之一者，应紧急停炉：

①锅炉水位低于水位表的下部可见边缘。

②不断加大向锅炉进水及采取其他措施，但水位仍继续下降。

③锅炉水位超过最高可见水位(满水)，经放水仍不能见到水位。

④给水泵全部失效或给水系统发生故障，不能向锅炉进水。

⑤水位表或安全阀全部失效。

⑥设置在汽空间的压力表全部失效。

⑦锅炉元件损坏危及运行人员安全。

⑧燃烧设备损坏，炉墙倒塌或锅炉构件被烧红等，严重威胁锅炉安全运行。

⑨其他异常情况危及锅炉安全运行。

(12)因缺水紧急停炉时，严禁给锅炉上水，并不断开启空气阀及安全阀快速降压。

(13)输煤皮带运行中，严禁用手清除粘在皮带滚筒上的煤或在端部滚筒处用人力阻止皮带跑偏。严禁直接跨越输煤皮带。

(14)在落煤管的通煤孔内捅煤时，工具应置于身体的侧面。

(15)严禁进入储有煤粉的煤粉仓内作业。进入放空的煤粉仓内作业时，应先进行检查和试验，确认仓内一氧化碳等有害气体含量在允许范围内后方可进入；作业人员的安全带应挂在仓外牢固的结构上，仓外至少应有两人监护，并能看到仓库内作业人员。

(16)热紧螺栓必须由熟练工人用标准扳手进行，严禁接长扳手的手柄。操作人员站立的位置应能防止泄出的蒸汽或热水对人的伤害。

(17)处理阀门盘根泄漏时，紧螺丝应均匀缓慢地进行，检修人员应戴帆布手套。

(18)打开锅炉看火门、检查孔及灰渣门应在炉膛负压的情况下缓慢小心地进行，作业人员应站在门孔的侧面，并选好向两旁躲避火焰的退路。

(19)观察锅炉燃烧情况应戴防护眼镜或用有色玻璃遮住眼睛。在锅炉点火期间或燃烧不稳定时，不得站在看火孔、检查孔的对面。

(20)安全门的调整必须由两名以上熟练工人在专业技术人员的指导下进行。

(21)调整重锤式安全门时，应有防止重锤滑脱和烫伤的措施。

(22)吹管的排气口不得对着设备或建筑物。

(23)排气管支架和固定支架的结构应能承受吹管时的最大推力。

(24)在排气范围和操作场所应设警戒区，避免烫伤人员；吹管的出口应设在空旷无人处，打开阀门开始吹管时应先检查出口处确实无人时方可打开阀门。

(25)吹管排汽口必须装消音器，工作人员应佩戴耳塞。

(26)暖管应充分避免发生水击现象。

(27)加氧冲管前，所有与氧气接触的零件必须脱脂，严禁沾染油污。

(28)加氧冲管时，氧气管道的阀门应缓慢开、关。

第四节 焊接、切割

一、焊接、切割作业的一般安全规定

(1)电气焊工等特种作业人员，必须经过专门训练，考试合格获得操作证，并掌握相应的安全使用规定。方准独立上岗操作。

(2)焊接、切割作业前应按现场防火制度申请动火审批手续和监护措施。

(3)焊接、切割场所应该保持通风良好，并清除杂物和焊接场所及周围的易燃易爆物品，或者在焊接场所采用防护设施。附近堆有易燃易爆品，在未彻底清理或采取有效的安全措施前，不能施焊。

(4)作业场地周围清除易燃、易爆物品，严禁在可燃气体或液体扩散区域内、带压力的容器或管道、带电设备、装有易燃易爆的容器内及受力构件上施焊、切割等作业。严禁在已喷涂过油漆和塑料的容器内实施焊接、切割作业。

二、焊接作业的安全要求

(1)电焊机外壳，必须有良好的接零或接地保护，其电源的装拆应由电工进行。电焊机的一次与二次绕组之间，绕组与铁芯之间，绕组、引线与外壳之间，绝缘电阻均不得低于 0.5 兆欧。

(2)电焊机应放在防雨、通风良好、干燥、无腐蚀介质、远离高温高湿和多粉尘的地方，露天使用的电焊机应设防雨棚。

(3)电焊机必须设置单独的电源开关。电焊机的配电系统开关、漏电保护装置等必须灵敏有效，开关箱内必须装设二次空载降压保护器，导线绝缘必须良好。电焊机的绝缘检查、接线、装设开关必须由电工完成。

(4)电焊机一次电源线长度应不大于 5m，电焊机二次线电缆长度应不大于 30m。

(5)使用电焊机必须按规定穿戴防护服、绝缘鞋、电焊手套、防护面具、护目镜等防护用品，高处作业时必须系好安全带。高空焊接时，焊接周围和下方应采取防火措施，并应设专人监护。

(6)作业前应检查焊机、线路、焊机外壳保护零线等，确认安全后方可作业。电焊作业现场周围 10m 范围内不得堆放易燃易爆物品。

(7)焊钳与把线必须绝缘良好、连接牢固，更换焊条应戴手套。在潮湿地点作业时，焊工和配合人员均应穿绝缘鞋或站在绝缘板上。绝缘鞋的绝缘情况应定期检查。

(8)焊接贮存过易燃、易爆、有毒物品的容器或管道，必须先清除干净，并将所有

孔口打开。

(9)在密闭金属容器内施焊时，容器必须可靠接地、通风良好，并应有人监护。严禁向容器内输入氧气。

(10)焊接预热工件时，应有石棉布或挡板等隔热措施。

(11)把线、地线，禁止与钢丝绳接触，更不得用钢丝绳或机电设备代替零线。所有地线接头，必须连接牢固。

(12)更换场地移动把线时，应切断电源，并不得手持把线爬梯登高。移动焊机时必须切断电源，严禁用拖拉电缆的方法移动焊机。焊接中途突然停电，必须立即切断电源。

(13)清除焊渣，采用电弧气刨清根时，应戴防护眼镜或面罩，头部应避开敲击焊渣飞溅方向。

(14)多台焊机在一起集中施焊时，焊接平台或焊件必须接地，并应有隔光板。所有接地(零)线不得串联接入接地体或零线干线。

(15)钍钨极要放置在密闭铅盒内，磨削钍钨极时，必须戴手套、口罩，并将粉尘及时排除。

(16)二氧化碳气体预热器的外壳应绝缘，端电压应不大于36V。

(17)雷雨时，应停止露天焊接作业。

(18)工作结束，应切断焊机电源，并检查操作地点，确认无起火危险后方可离开。设备应维修保养，做好设备的清洁、润滑、调整、紧固、防腐工作。

(19)电焊着火时，应先切断焊机电源，再用二氧化碳、干粉等灭火器灭火，禁止使用泡沫灭火器。

三、切割(气焊)作业的安全要求

(1)各种气瓶标准色：氧气瓶(天蓝色瓶、黑字)、乙炔瓶(白色瓶、红字)、氢气瓶(绿色瓶、红字)、液化石油气瓶(银灰色、红字)。

(2)乙炔气瓶充装前，必须严格检查，发现不符合要求的严禁灌装。

(3)使用乙炔瓶的现场存量不得超过5瓶；如超过5瓶但不超过20瓶时，应用墙与现场隔开，存放点应通风良好。

(4)乙炔瓶不得与氯气瓶、氧气瓶、氢气瓶及易燃物品同库存放。存放区应配备灭火器材。

(5)气瓶应有防震圈，旋紧安全帽，运输、使用和移动时避免碰撞和剧烈震动，并防止暴晒和靠近高温，乙炔瓶体温度不准超过40℃。

(6)检查乙炔、氧气瓶、表、橡胶软管接头、阀门及焊割工具等可能泄露的部位是否良好，严禁染有油垢，同时检查焊(割)具的射吸能力如何。

(7)使用的胶管应为经耐压实验合格的产品，不得使用代用品、变质、老化、脆裂、漏气和沾有油污的胶管，发生回火倒燃应更换胶管，可燃、助燃气体胶管不得混用。

(8)点火时灯枪口不准对人，正在燃烧的焊枪不得放在工件或地面上。带有乙炔和氧气时不得放在金属容器内，以防气体逸出，引起燃烧事故。

(9)氧气瓶、乙炔气瓶应分开放置，间距不得少于5m，气瓶与明火距离不得小于10m。严禁将乙炔瓶平放。作业点应备清水，以备及时冷却焊咀。

(10)不得手持连接胶管的焊枪爬梯登高。

(11)在贮存过易燃、可燃及有毒物品的容器或管道上焊、割时应先将残留物清除干净，并将所有孔口打开。

(12)当气焊(割)具由于高温发生炸鸣时，必须立即关闭乙炔供气阀，关闭氧气阀，将焊(割)具放入水中冷却。

(13)焊(割)具点火前，应用氧气吹风，检查有无风压及堵塞、漏气现象。

(14)对于射吸式焊割具，点火时应先微开焊具上的氧气阀，再开乙炔气阀，然后点燃调节火焰。

(15)使用乙炔切割机时，应先开乙炔气，再开氧气；使用氢气切割机时，应先开氢气，后开氧气。

(16)作业中当乙炔管发生脱落、破裂、着火时，应先将焊机或割具的火焰熄灭，然后停止供气。

(17)当氧气管着火时，应立即关闭氧气瓶阀，停止供氧。禁止用弯折的方法断气灭火。

(18)进入容器内焊割时，点火和熄灭均应在容器外进行。

(19)熄灭火焰、焊具，应先关乙炔气阀，再关氧气阀；割具应先关氧气阀、再关乙炔及氧气阀门。

(20)当发生回火，胶管或回火防止器上喷火，应迅速关闭焊割具上的氧气阀和乙炔气阀，再关上一级氧气阀和乙炔气阀门，然后采取灭火措施。

(21)橡胶软管和高热管道及高热体、电源线隔离、不得重压。

(22)气管和电焊用的电源导线不得敷设、缠绕在一起。

(23)工作完毕应将氧气瓶、乙炔瓶气阀关好。

第五节　探　　伤

一、X射线探伤作业的安全要求

(1)X射线机在搬动过程中，必须小心轻放，不得受剧烈震动，较长距离运输时，X光管头应竖立放置且风扇端在上，同时在下面垫上缓冲垫，如果必须横着搬运时两端环要垫上减震材料以防冲击。

(2)X射线发生器的容器温度，随使用时间可能上升，在探伤过程中搬运设备时，应戴手套搬运，且应轻拿轻放。

(3)X射线机操作前必须设置警戒区域，操作前需有人监护，一般一人操作一人监护。

(4)X射线机必须有可靠接地线,使用电压必须与规定值相符。

(5)X射线机在第一次使用或隔较长时间后使用时,X射线管必须按有关规定进行训管,方可正常使用,一般为每月开启或训管一次。

(6)开启电源开关后,先让X射线管预热二分钟,才能开启高压开关,使X射线机正常工作。

(7)当X射线机工作时间即将结束,控制箱内蜂鸣器发出预报声时,应调节电压旋钮,使电压下降。

(8)当X射线机工作时,X射线机的窗口不得直射操作台及有人工作的地方,操作人员应在X射线机的背面工作。

(9)X射线机要求输入交流电压在220V±10%范围,若输入电压过高会使仪器烧坏。若输入电压过低,则仪器不能正常工作。

(10)X射线探伤室必须具有良好的通风设备,经常打扫保持清洁,并不得堆放其他杂物。设备不使用时,应放置于干燥通风,温度适合的场所。长时间没使用过的设备,使用前应查看是否潮湿等现象,若有应处理后再使用。

(11)X射线机在工作时发生故障应立即停止工作。

(12)工作人员必须佩带有效的剂量测量块,并定期交管理部门测定。

(13)在施工现场探伤时应根据照射剂量设置安全警戒线并设专人看护防止对他人造成伤害。

(14)本设备由指定的专人负责保管。未经负责人批准,非本专业及外单位人员不得使用。操作人员必须按规定穿戴好个人防护用品。

二、超声波探伤的安全要求

(1)仪器勿在靠近锻打、砂、电、火焊场所或电磁场的严重干扰的场所使用,以免造成仪器显示不稳定或仪器损坏。

(2)仪器不允许放置在潮湿的地方应用,仪器只允许放置在干燥牢固的台子或牢固的脚手架上进行操作。

(3)仪器必须有专人保管,从事该仪器的工作人员必须熟悉该仪器的性能及专业知识,非操作人员未经许可不准动仪器的任何部分,以免意外事故发生。

(4)仪器所有部件(如探头及本体)非经保管人员许可,不准随便拆装。

(5)在工作开始前,首先要检查电源电压是否与该仪器电源电压相符,若不符合时禁止使用。

(6)工作开始前,开启电源,使仪器预热1~2min,然后再调节其他按钮。

(7)工作结束时,仪器上各旋钮开关都要调回原位,并把仪器、探头上的油污擦净,然后才能放回原位。

(8)工作时被探伤的部件最高温度不超过50℃,以防降低探头的灵敏度。

(9)仪器在使用时一般连续开启时间不允许超过2小时,在夏季或室温达35℃左右的环境时,连续开启不得超过1.5小时。

(10)仪器搬运时要尽量防止振动,以防损坏仪器,影响工作。

(11)仪器应经常进行维修保养,使仪器处于良好状态,若发现仪器内部有灰尘或脏物时,应及时处理。

(12)电子管超声波探伤仪,仪器工作时间超过500小时,为了保持仪器的原有灵敏度,应调换所有的电子管(阴极射线管除外)

(13)本设备由指定的专人负责保管。未经负责人批准,非本专业及外单位人员不得使用。

三、磁粉探伤的安全要求

(1)磁粉探伤仪必须经常保持清洁,盛放磁粉油槽严禁有污物进入。

(2)仪器必须由专人保管,做到经常维护保养,探伤人员必须熟悉仪器的性能和安全操作规程。未经负责人批准,非本专业及外单位人员不得使用。

(3)探伤前应作好磁性对精密仪器(如手表、表计仪器等)影响的防护工作,一般磁场影响区在2.5~3.0m半径范围内。

(4)探伤前应对被探伤零件表面油污、氧化皮等进行清理,同时保证零件两端头有足够良好的接触面。

(5)探伤工作应根据零件大小及外形选择适当的磁化方法,根据选用电流值进行调整,在使用时应按实际需要选择电流值,电流过大易使零件端头烧毛,甚至散落火花,灼伤人体,必须严格注意安全。

(6)探伤工作完毕后,将行程磁头就位,切断电源,用棉纱头将探伤仪整理清洁,清理掉磁粉油槽杂物,然后盖好,防止灰尘或污物的进入。

(7)磁粉探伤的工作场所及被探工作表面要有足够的照明。

第六节 设备安装

一、设备安装的一般安全规定

(1)现场施工必须遵守施工组织设计中的安全技术措施的规定。

(2)参加施工的人员要熟知本工种的安全技术操作规程,在操作中,应坚守工作岗位,树立安全生产的思想,并认真执行三项施工原则:

①检查施工现场周围的环境是否符合安全的要求,如有生命危险而又没有防护措施时,应提请有关人员解决,反对蛮干和存有侥幸心理。

②检查施工机具和工具是否破损或漏电,对超过机具允许负荷量和机具设备使用期的机具,不得冒险使用或操作。

③检查劳动防护用品和安全用具是否坚固适用,现场应有专人根据当天施工特点,进行安全技术交底,反对麻痹大意。

(3)凡进入施工现场时,必须戴好安全帽,注意各种危险信号和标志,不准在起吊的物件下面站立和任意通过危险地区。

(4)在工作中不但要注意自己的安全,同时应注意他人的安全。

(5)凡是新工人,入场前必须进行入场三级安全技术教育及现场安全交底。对特殊工种或从事危险作业的人员,经过培训和考试,并取得特种作业操作资格证书后,方可上岗作业。进入施工现场应佩带齐全个人防护用品,如安全帽、绝缘鞋,2m以上作业系好安全带,使用旋转机械戴防护镜。

(6)在现场工作时,非自己操作的设备和机具,不得擅自操作和使用。

(7)在现场工作时,不得嬉戏打闹,打架斗殴、喧哗和睡眠;严禁饮酒上班。

(8)对现场的施工机具和所安装的设备,不了解结构及性能、操作方法时不得进行操作。

(9)在建筑物上打孔洞时,不得影响建筑物的结构和强度,对重要的承力结构必须打孔洞时,应经过设计部门同意。

(10)在施工场地如有井洞、坑、沟、池等应设置安全护栏或防护罩、盖板等,且任何人不得擅自挪动和拆除。

(11)夜间施工应有充足的照明设施,非电气人员,不得乱拉乱接电源与电器。

(12)在金属容器内及较潮湿的工作场所工作,照明用行灯电压不超过12V;一般场所的工作行灯,电压不超过36V。

(13)对集体作业的工作,操作前应交代配合事项,操作时需有统一指挥,密切配合。

(14)在施工现场严禁随意拆除他人的施工机具和固定的绳索,不得移动和拆卸安全装置、信号标志、防护设施等。

(15)自制或改制机具,必须经过技术鉴定合格后,方可使用。

(16)凡遇有违章作业或阻碍执行安全规程的人员,应设法制止,并向有关领导反映处理。

(17)当现场发生人身事故、设备事故、未遂事故时,首先抢救伤员,并保护现场,及时报告。

(18)凡使用手持电动机具,操作者应戴绝缘手套,且设备外壳应有保护接零并应装设漏电保护器。

(19)施工现场内的悬崖、陡坡、深坑、桥侧、与施工现场预留孔洞、坑、沟、升降口等危险处,应有防护设施并挂有明显标志。施工现场的脚手架、防护设施、安全标志和警告牌,不能擅自拆动。

(20)试车、试压、酸洗、吹扫、送蒸汽等有危险的操作区域,应设警戒线并挂警告牌、非操作人员禁止入内。

(21)材料、设备、构件的堆放应整齐、稳定,拆除的箱板、模板和废料等,应及时清除。

(22)机械设备在运转中,严禁将头、手伸入机械行程范围内,开、停车和送、停电时,均应事先联络,必要时签发工作票或指令书。

(23)在拆卸、清洗设备中,搬抬零部件时,应注意有无油渍避免滑落,防止损坏设备或砸伤手脚。

(24)作业人员进入新的岗位或者新的施工现场前,应当接受安全生产转岗转场教育培训,未经过培训教育或者教育培训不合格的人员,不得上岗作业。施工单位在采用新技术、新工艺、新设备、新材料时,应当对作业人员进行相应的安全生产教育培训。

二、设备安装施工的安全准备工作

(1)学习好安全施工的有关文件,做好安全技术交底记录,备好安全施工的设施,备好设备安装所需的材料,施工机械、工器具、量具及索具。

(2)解决好工程施工时所必需的暂设工程,如水源、电源、气源、运输道路、平整场地、必要时还需解决生活问题。

(3)设备安装施工全过程中必须坚持文明施工,注意经常保持场地清洁和环境卫生、注意防风、防电及防雨、防潮。

三、使用施工机具的安全要求

施工机具同本书相关章节。

四、设备搬运及安装的安全要求

(1)设备搬运前要熟悉有关专业规程,设计和设备技术文件对设备搬运的要求,了解设备机构,装箱的毛重及净重,以及设备重心的位置,确定捆扎点,并根据运输道路确定搬运方案。对大型长体设备要明确支承点和吊运捆扎点。设备搬运装卸前要向起重人员讲清搬运顺序和设备大小,重点及绑扎点部位。

(2)搬运和安装大型设备,应配合起重工进行,起重指挥应由技术熟练、懂得起重机械性能的人员担任。指挥时应站在能够照顾到全面工作的地点,所发的信号应事先统一,并做到准确、洪亮和清楚。设备搬运中,各工种必须密切配合,遵守起重操作规程和安全技术措施,并应统一指挥,以免砸伤。

(3)大型设备安装吊装前,应搭好支撑架,用卷扬机或倒链吊装,周围不得碰撞。采用三脚架(三木搭)的下脚应相对固定,倒链应挂在正中,移动时应防止倾倒,采用人字桅杆起重法吊装时,桅杆两腿间夹角应不大于45°,受力方向应在两腿中间。桅杆的高度,应为设备高度的2/5～1/2。桅杆两腿和设备绞座应放在一起。

(4)设备采用滚动法卸车时,滚道的坡度不得大于20°。滚道的搭设应平整、坚实、接头错开。滚动的速度不宜太快,必要时应设溜绳。在滚道一侧的车体下面应用枕木垫实。

(5)使用管子(滚杠)托运设备,管子的粗细应一直,其长度应比托板长500mm。填管子,大拇指应放在管子上面,其他四指伸入管内,严禁戴手套和一把抓管子。

(6)设备吊装就位时,要注意操作人员的手脚,以防压伤;吊装就位类似除尘器的直立的设备,应先固定一、二处稳固,待全部固定好后才能卸去捆扎的绳子。

(7)高空作业用的脚手架必须由持证架工搭设,要牢固可靠,并在设备安装前进行严格的检查验收。

(8)各工种交叉作业时,必须戴安全帽,防止掉下料具伤人。

(9)吊装设备所用的索具要牢固,吊装时应加溜绳稳住,与电线应保持安全距离。

(10)设备吊装必须连续进行,不能中途停止,防止危险发生。在吊装过程中,确定必须中途停止时,吊绳必须要临时绑扎在牢固的结构上,不能停止时间过长,在下班前必须就位。

五、设备拆卸、清洗和装配过程中的安全要点

(1)安装皮带轮时,应两人配合,防止被皮带轮将手碰伤,特别是在挂皮带轮时,不要将手指卷入皮带轮内造成事故。

(2)检查设备内部,要用安全行灯或手电筒,禁止用明火。对头重脚轻、容易倾倒的设备,一定要垫实撑牢。

(3)拆卸设备部件,应放置稳固。装配时,严禁用手插入连接面或探摸螺孔。取放垫铁时,手指应放在垫铁的两侧。

(4)设备清洗、脱脂的场地,要通风良好,严禁烟火。清洗零件应用煤油。用过的棉纱、布头、油纸等应收集在金属容器内。

(5)设备的清洗按管路的不同要求,可采用酸洗或适当压力的干燥压缩空气、氮气进行吹扫、在吹扫过程中必须用木榔头敲击管子表面。

(6)油管路用热空气吹扫后,应采取措施(如充氮气)加以保护,防止再污染。

(7)弯管或弯头喷砂吹扫后,对死角部位应分别从两端用 0.4~0.6MPa 的压缩空气进行吹扫,同时用木榔头敲击管道,将管内余砂清除。

(8)短管道酸洗、可采用酸槽浸泡;管道较长以及酸洗量较大可将管道连接用耐酸泵进行循环冲洗。

(9)酸洗过程参照下述方法进行:

①酸洗液采用 15%~20%的盐酸或硫酸溶液,酸洗的延续时间应根据管壁的锈蚀程度以及酸液的浓度和温度而定;浓酸液配制时,应将酸液缓慢加入水中,严禁将水加入浓酸(特别是硫酸)中或将酸加入过热水中,避免造成酸液飞溅伤人;

②酸储存时瓶盖不得过紧,也不得靠近高温和放在强烈的日光下暴晒;

③酸洗时操作人员必须佩戴好保护用品,在附近应备有水源,以应急需;

④酸洗后应用 5%~8% 的碱溶液进行中和,然后用清水冲洗、接着用 0.4~0.6MPa 的压缩空气吹干,并充氮或喷油保护,管端用木塞或盲板、塑料管封堵好。

(10)需要在忌油条件下工作的设备、管道及附件,在装配前应进行脱脂,脱脂应注意:

①脱脂剂应装在密封的密闭容器内,放置在阴凉干燥处;应防止与浓碱、浓酸接触。

②进行脱脂作业应在通风良好的场所进行.采用有毒脱脂剂时,作业人员必须戴好防毒用具,以保证安全。

③用四氯化碳或二氯乙烷脱脂的金属制品，在脱脂前不得有水分，以防腐蚀。

④采用易燃脱脂剂的场所，不准吸烟，亦不得有火花或灼热物等，并设有防火器具。

六、设备试运转的安全要求

(1)参加试运转的人员，必须熟悉设备的构造和性能，掌握操作程序、操作方法，保证试运转工作的顺利进行。

(2)试运转时所需工具、材料、安全防护设施和防护品均应准备齐全；水、电、照明、空气、蒸汽等应确保供应。

(3)试运转的环境条件应是场地已清扫得干干净净，通风良好，光线与视线都清楚，无有烟气和尘土，冬季应注意保持室内和环境温度，必要时应采取取暖措施，并备有消防器具。

(4)设备试运转，应严格按照单项安全技术措施进行。运转时，不准擦洗和修理，并严禁将头、手伸入机械行程范围内。

七、高处作业、卫生、防火与应急救援的安全要求

(1)从事高处作业的人员，要定期进行体检，对不适于高处作业的人员不能从事高处作业，进行高处作业时，应拴挂好安全带，安全绳扣应拴在牢靠的物体上，并尽量拴挂在工作面的上方。

(2)高处作业人员，应根据工作需要佩带工具袋，将随身工具和零件材料放入工具袋内。

(3)凡进入高处作业场所，应取得联系，在同一垂直平面工作，必须设置安全隔板层。

(4)在上下交叉作业时，上方工作人员使用的工具应用绳子拴上，以防坠落伤人，在拆卸和拧紧螺栓时，不宜使用活动扳手。

(5)使用单面梯子时，梯子上端应捆牢，无法捆绑时，应有专人扶梯；下端需有防滑措施，梯子对地面的角度一般为60°左右；操作人员不得站在梯子最高两档工作，两人以上(含两人)不得同时在一单梯子上工作，不得使用有损坏和不牢固的梯子。

(6)使用人字梯时，梯子必须放稳，两梯间应有安全挂钩或用绳子拴牢，梯子张开的夹角一般不宜大于60°(即下部梯脚距离不大于梯子长度)也不宜小于30°。

(7)高处作业人员，严禁穿易滑或高跟鞋从事高处作业。

(8)在高处作业时，精神应集中，严禁打闹、嬉笑，不准上下投掷物件。

(9)在烟熏较重温度较高的场所上空，不得进行作业，如不可避免时，应采取通风、降温等措施或采取短时间的轮班作业。

(10)凡遇有六级以上强风或大雨、雷击时，严禁从事露天的高处作业。

(11)天车在行走时，不得有人在轨道上走动或从事作业，停电后的检修工作，电源开关应有专人看守并取下保险，挂上警告牌，方可进行工作。

(12)高处工作的脚手架必须牢固可靠，其外侧应设有扶手，跳板的厚度、宽度和

铺设跨度、探头长度等必须保证安全施工符合有关规程的要求。

(13)施工场所应经常打扫,保持清洁,现场物料应堆放整齐。

(14)工作场所如有毒性、感染性、刺激性的气体、液体或粉尘时,应采取通风、置换、吸尘等措施外,操作人员应切实使用好防毒面具及防护口罩等有效的个人防护用品。

(15)在密封的容器设备或房屋内进行工作时,除采取强制通风外,工作人员应每小时外出调换新鲜空气,并应有专人在外面配合,当发现不正常现象时,应立即采取果断措施并协助操作人员撤出。

(16)施工现场的清洗油应隔离保管,清洗场所严禁火源不准吸烟,清洗废油不得乱倒,废棉纱、布条等不得乱丢要集中处理。

(17)施工现场必须建立消防安全责任制度,确定消防安全责任人,制定用火、用电、使用易燃易爆材料等各项消防安全管理制度和操作规程、设备、消防通道、消防水源、配备消防设施和灭火器材,并在施工现场入口处设置明显标志。如发现火情时,应迅速将附近易燃物转移,并及时报告现场消防部门或电话通知城市消防部门,同时立即关闭各种可燃气体的阀门和切断电源,并采取有效措施将火扑灭。

(18)对易燃易爆及有毒物品,应存放在特别仓库内,并严禁带入火种。

(19)当接触硝酸、硫酸、液氨、碱液、烧碱及其他强烈腐蚀性介质作业时,要带防护眼镜,穿橡胶鞋或围裙、靴子和手套。

(20)要注意防止自然灾害,如防强风、防洪水、防滑坡、防垮塌、防雷电、防暑、防冻,还应注意防止煤气中毒。

(21)施工单位应当根据建设工程的特点、范围,对施工现场易发生重大事故的部位、环节进行监控,制定施工现场生产安全事故应急救援预案。实行施工总承包的,由总承包单位统一组织编制建设工程生产安全事故应急救援预案,工程总承包单位和分包单位按照应急救援预案,各自建立应急救援组织或者配备应急救援人员,配备救援器材、设备,并定期组织演练。

第七节　网架制作安装

一、网架制作安装时杆件下料的安全要求

(1)气割下料时氧气瓶与乙炔瓶(金火焰)瓶距不小于 10m,距明火距离不小于 10m。

(2)切割机下料时首先检验切割片是否有裂纹,有裂纹的禁止使用,切割下料时切割机禁止正对其他人员。

二、网架杆件不同的拼装方法的安全要求

(1)网架高空散装法:

①现场施工前先编制用电方案并进审批后方可施工。

②满堂红脚手架搭设要编制专项方案并进行审批，脚手架搭设完毕经有关部门验收合格后方可施工。

(2)高空拼装：

①首先加强拼装点，可用双扣件及小斜杆加强，四周加护栏，脚踢板，施工下方按规定搭设安全网。

②拼装时从中间开始同时向四方施工。

③高空焊接时从中间向四周，按下弦、腹杆、上弦焊接顺序焊接，上玄、腹杆焊接时，焊工应有合格工位，焊接时佩带好安全防护用品及安全带。

④网架焊接检验合格后整体下放或顶实。

⑤网架下放从中心向四周逐层拆除下玄支撑并观察脚手架情况。

⑥网架顶实要使支撑点受力均匀。

(3)网架地面拼装整体吊装法：

①现场施工前先编制用电方案并进行审批后方可施工地面组装。

②地面焊接：焊接顺序同高空散装，上弦同高空焊接。

③用吊车整体吊装法：吊装前先编制吊装方案经审批后方可施工。吊装由专人指挥。吊点选取要和网架应力图吻合。

④用抱杆整体吊装法：吊装前先编制吊装方案经审批后方可施工。吊装由专人指挥。

⑤用抱杆、吊车混合吊装法：吊装前先编制吊装方案经审批后方可施工。吊装由专人指挥。

⑥高空滑移拼装法：高空滑移前先编制滑移方案经审批后方可施工。滑移轨道铺设经专检员验收合格方可使用。高空滑移由专人指挥。

第七章　季节施工及装修工程的安全知识

第一节　季节施工

一、季节施工的一般安全规定

施工企业和施工现场应根据季节性施工的特点，制定相应的安全技术措施。进入季节施工时，应对操作人员进行季节施工的书面安全技术交底。交底书必须有交底时间、内容及交底人和接受人的签字。

(1)冬期施工应制定防寒、防冻、防滑、防水、防煤气中毒、防亚硝酸钠中毒措施。

(2)雨季施工应制定防触电、防雷、防沉陷、防坍塌、防大风措施。

(3)夏季施工应制定防暑降温措施。

二、冬期施工的安全要求

(1)冬期施工时，施工现场应符合的相关安全规定。

①休息场所应设置取暖设备。

②施工现场和职工休息场所的一切取暖、保暖设施，必须符合防火和安全卫生的要求。

③施工现场的脚手板、斜道板和交通运输道，应有防滑措施。大雪过后应将积雪清扫干净，并对脚手架、马道、平台等进行检查，如有松动，必须及时加固。

④混凝土楼板浇筑完毕，楼板上的各种孔、洞应设置牢固的盖板，再盖草帘或其他保温材料。

(2)冬期施工采用燃料加热或取暖时，应遵守的相关安全规定。

①采用煤炭作为燃料加热或取暖时，必须符合防火要求，并有良好的通风和防止煤气中毒的措施。应指定专人负责管理。

②采用煤气或天然气作为燃料加热或取暖时，除符合防火要求外，还应有防止爆炸的措施。

③各种火炉必须与可燃、易燃物质保持10m以上的距离。

(3)冬期施工采用电热法时，应遵守的相关安全规定。

①所有电气线路必须由电气专业人员安装，导线连接处包裹，不得外露。

②工作地点应设立“警戒区”，加设围挡，并设置“有电危险”的醒目标志。通电时，严禁人员靠近。进入“警戒区”内工作时，必须先切断电源。

③电热法融解冻土时，应分段、分区流水作业；冻土化冻后进行开挖时，应先切断电源。含有金属夹杂物或金属矿石的冻土，不得采用电热法溶解。

④电热法养护混凝土时，应符合下列要求：

a. 电极加热时的工作电压应控制在 50～110V。

b. 采用边浇筑混凝土边通电时，应将钢筋接地，地线深度不得小于 1.5m。

c. 电热时，应采用逐个闸刀送电，并应设电压调整器控制电压。

(4)冬期施工采用化学外加剂时，应遵守的相关安全规定：

①各类化学外加剂的存放、领取、使用，必须有严格的管理制度和明确的责任制，任何人不得擅自挪用。

②使用化学外加剂时，操作人员必须戴口罩、手套等防护用品，防止吸入有害气体和腐蚀皮肤。

③严禁亚硝酸钠和食盐混放。亚硝酸钠进入施工现场后，应在包装袋上涂以醒目的颜色，避免误食误用。

(5)冬期施工采用蒸汽热养护混凝土时，应遵守的相关安全规定：

①蒸汽锅炉应有出厂证明和质量合格证。

②施工中接触汽源、热水时，应有防止被蒸汽、热水或蒸汽设备烫伤的安全措施。

(6)氧气瓶、胶管、防止回火的安全装置冻结时，严禁用明火烘烤。

三、夏季施工的安全要求

(1)施工企业应为从事露天作业的人员提供防暑用品。

(2)高温工作场所，应有通风和降温设施。通风降温设施必须有专职或兼职人员管理。

(3)在高温环境下运转的机电设备，应配有冷却装置或通风装置，防止机电设备过热而发生事故。

(4)各种气瓶在存放和使用时，避免在太阳光下暴晒。

四、雨季施工的安全要求

(1)雨季到来之前，应做好的相关安全工作：

①对临时设施进行检查、整修和加固，保证不漏、不塌、不倒、不积水。

②检查并落实施工现场机电设备的防雨、防潮措施。

③检查现场照明线、动力线、电杆的完好情况。

④做好塔吊路基和起重吊装设备基础周围的排水，严防雨水浸泡。

⑤沿河流域的工地，应做好防洪抢险准备。

⑥傍山的施工现场，应做好山坡边缘和危石处理，严防滑坡或塌方威胁工地。

(2)暴雨和大风过后，应检查工地临时设施、脚手架、塔式起重机路基、起重吊装设备基础、机电设备、临时用电线路等，如有倾斜、变形、下沉、漏电等现象，应及时修理和加固。

(3)临时避雷装置的接地电阻值规定：高层建筑、烟囱、水塔的脚手架及易燃、易爆物的仓库和塔吊、打桩机等机械，应设临时避雷装置，接地电阻不应大于 4Ω。

(4)在闪电、雷雨及六级以上强风时，不得进行下列作业：

①土石方爆破作业。

②露天电焊作业。

③露天进行起重作业和高处作业。

④在重物起吊过程中如遇大风，信号员和挂钩人员不得用人力强制稳定，应采取可靠措施将吊物放至安全部位，待大风过后再起吊。

⑤在爆破作业装药过程中如遇暴雨，应立即停止装药，人员应撤离危险区。

⑥履带式起重机在雨天作业时，严禁在未经夯实的虚土上或低洼处作业。雨后吊装时，应先试吊。雨天室外用绝缘棒或传动机构拉、合高压开关时，操作者除应穿戴绝缘防护用品外，绝缘棒应有防雨罩，操作时应有人监护，严禁带负荷拉、合开关。

(5)雨天挖槽时，应遵守的相关安全规定：

①开挖前应先察看坑槽边坡有无裂缝塌陷，若有裂缝塌陷，应采取措施后方可开挖。

②坑槽内存有积水时，应及时排除干净。

③挖出的土应及时运出场外，如需用作回填，应集中堆置在离坑槽边 3m 以外。

第二节 建筑室内装修施工的安全与防火

一、机电设备的一般安全规定

(1)木工机械必须安装稳固，转动及危险部位必须安装防护罩，刀具紧固螺钉必须拧紧，并经常检查。

(2)必须有专人负责管理木工机械，对操作机械的工人应在上岗前进行培训，使其熟悉操作技术及机械性能。使用完毕必须关闭电源，下班应将电源开关箱上锁，以免其他人使用造成损坏、伤害事故。

(3)不得戴手套使用机械，女同志必须戴工作帽，注意防止头发、衣服、缠绕到转动的刀具上，造成伤害事故。

(4)机械必须定期检修，在使用过程中发现异常现象或声音应即停机检查修理。

(5)严格按照安全操作规程操作机械，使用安全挡板送料短棒等，遇到有节疤或横斜木纹时要小心慢拉，短、薄、窄木料不得用电刨。

(6)使用电钻时应戴胶手套。

(7)电闸箱要安装漏电保护开关。

二、使用脚手架及可移动木梯的安全要求

(1)工作前先检查脚手架或可移动木梯是否牢固。

(2)离地 3m 以上的脚手架必须装设防护栏。

(3)使用靠梯，梯脚应绑麻布或胶垫以防止滑落，人字梯中间须加拉绳。

(4)在 3m 以上高处操作必须系好安全带，并扣在牢固的地方。

(5)在多层面施工空间作业必须戴安全帽，以免高空坠物及碰撞受伤。

三、防火安全

(1)及时清理现场的刨花、碎木,并集中存放,每天下班时要清场。

(2)施工场地严禁吸烟、生火,并要有必备的消防措施。

(3)有电焊、气焊作业时,必须于施工管理处领取动火证,并要有足够的防护设施。

(4)消火栓的门不能被装饰物遮掩。

(5)不能遮挡消防设施和出口,疏散指示。

(6)不得阻碍消防设施和疏散走道。

(7)凡隐蔽木作必须涂防火涂料。

四、安全纪律

(1)施工现场凡洞、坑、沟、升降机井、楼梯等未装扶手栏杆之前要设置盖板,护栏及安全网,严防意外跌伤。

(2)在完工后的顶棚内需作业必须铺设20mm厚、宽700～800mm的垫板,不得直接踩踏到顶棚上。

(3)带钉木料弃置前,必须将钉子起掉或打弯,防止扎伤。

(4)斧、锤、凿等要经常检查木柄是否牢固,以免飞出伤人。

(5)垃圾要集中清运,不得从门窗往外扔。

五、家居装修应特别注意的事项

随着住宅室内装修市场的逐步成熟,有关部门正在加强这方面的管理,一些城市已经实施了统一施工合同、统一验评标准、统一工程参考价、统一保修制度、统一投诉纠纷逐级解决的原则,但是为了使家居装修不留下麻烦和遗憾,必须要注意一些事项,做到事先的防范。确保住宅室内装修的顺利进行。

1. 防止对房屋结构的破坏

住宅室内装修安全第一,这里所说的安全是指不要因装修埋下的隐患或造成房屋内在质量受损而危及住户的人身安全。

住宅工程按结构类型分为砖混结构和钢筋混凝土结构(剪力墙结构、框架结构、框架——剪力墙结构)两大类。大部分六层住宅均为砖混结构,在这种结构形式中,房屋由砖墙承重。预制楼板搁置处的那堵墙即为承重墙。一般在房间中,长边的墙多为承重墙。高层住宅一般均为钢筋混凝土结构,由混凝土剪力墙、混凝土框架柱承重。框架结构中,一般砖墙均为非承重填充墙。厨房间、厕所间的分隔墙一般多为非承重。而混凝土墙面一般为承重墙。

结构是建筑的“骨架”,结构的质量,直接关系到建筑的抗震等级和使用的安全。家庭装修必须保证房屋原有主体结构的整体性、抗震性、安全性。随意拆除阳台与室内之间墙体以及在阳台砌墙的现象也是属于破坏建筑结构的行为,结构被破坏将发生房屋倒塌事故。混凝土剪力墙(承重墙)上严禁凿门、窗洞口,不然,在施工中容易将钢筋割断，留下结构安全隐患。砖墙承重墙上也不得凿门、窗洞口，万不得已一定要开洞口时，必须经过计算，在洞口上增加钢筋混凝土过梁。

还有不能任意在预制楼板上钻孔。因为如果在楼板或多孔板有肋上穿凿或钻孔，易将预应力钢丝钻断，破坏楼板的受力，使得楼板断裂塌落，造成更大的危险。

2. 防止破坏防水层

现在新建的房屋其厨房、卫生间墙的下部及地面都进行了记漏（预制层）处理。因此，这种房屋在住宅室内装修时不要随意改变其给、排水的结构。若平面布置与实际预留方位有矛时，也只能延长原给、排水（加管、加高地面）。而不可打凿原墙体及地面，以防渗漏。老房屋装修时不管是否改造给、排水，都要进行防漏处理，并经过 48 小时防漏闭水试验后，方可进行墙面、地面施工。

目前，大多数人将给、排水管暗敷，一旦管道、管件渗漏维修将很麻烦，必须重新布管，所以管道以明敷为宜。当然暗敷管道也并非不妥，但一定要选择合格的国家标准材料。在敷设时管道、管件接口一定要牢固、不渗、不漏，不应将材质裸露在外，只留出阀门楼口即可。要注意选材，最好使用新材料 PVC 塑料管。

做防水工程时要注意以下几方面：

一定要把准备做防水的基层打扫干净，尽量保持表面干燥。

卫生间的漏水部位主要在上下水管的根部和墙脚，这些地方做防水时要做仔细做充分。防水从墙脚向上做不能小于 250mm。总之，一定要严格按防水材料的工艺要求进行施工。

如果卫生间的某一面墙是轻体墙，就需要对整面墙作防水处理。

3. 电线的安全埋设

为了房间内的美观，一般住宅室内装修都将电线埋进墙内，然而，许多业主都是简单地把电线直接埋进墙内。其实，这样做有非常大的安全隐患。

这是因为，电线经过长时间的使用，包裹电线的胶皮会老化，而大电流通过时的反复加热，都会加速电线包皮的老化。一旦发生短路事故，可能会殃及其他住户和整个楼房，不仅会烧毁电器，甚至可能引起火灾。应该选用质量较好、线径较大的电线，并且在电线外再套上一个起保护作用的线管。以保证用电安全。

4. 安全使用玻璃

玻璃受冲击力后易碎的特点必须引起重视。在选用玻璃时，一定要根据环境的需求采取防范措施。如：普通玻璃和夹丝玻璃这些非安全玻璃是不准以无框架方式安装使用的，无框玻璃门，应使用钢化玻璃，且四周应先磨边。玻璃隔断的玻璃边缘不得与硬性材料直接接触。

玻璃隔断或玻璃门一定要在玻璃上做出明显标志，以免被人误以为是可以自由出入的空间而造成撞伤。对于需接电源的玻璃装修，还应注意防止漏电。用于吊顶玻璃应使用安全玻璃或使用塑料板吊顶。

5. 装修防火

住宅室内装修工程中，涉及电器线路的铺设，为了防止电器电路引发火灾，注意以下问题：

设计上要考虑到防火安全。房间通道不要留得太窄；装修时尽量先用金属、玻璃和防火材料；安装防盗门窗时要考虑以危急时刻人员的疏散和救护等。

在选择装修材料时，应考虑选用绝火性能好和经过防火处理的材料，这是家庭安全防火的关键措施。

家居线路需要改动时，一定要请专业人员进行指导，在对改动的线路进行检查测试后，方能进行安装。要确认安放电线的 PVC 管的质量，要注意凡电器产品都要有专用的认证标志。——“CCC”标志。施工中要按照规定设置电线。要避免线路明装；其次是墙内和板内的电线要采用合格的阻燃管套装。电线规格应按负荷量采用，以免超负荷引起“打火”。

对用电量大的家用电器，必须按说明书的要求设置电器和安装漏电保安器。这样不但有得防火，也是安全使用家电的保证。

室内照明灯具的选择、安装必须安全合理。在选用灯饰时，不要只看是否美观，还要仔细检查是否安全，不应采用硬质塑料、塑料半透明膜、棉丝织品、竹木、纸质物品等可燃材料。应选用绝燃材料制作的灯具、灯饰。同时，注意不要使用劣质灯具。

参考文献

[1]广州市建筑集团有限公司．实用建筑施工安全手册[M]．北京：中国建筑工业出版社，1999.

[2]建设部建筑管理司．建筑施工安全检查标准实施指南[M]．北京：中国建设工业出版社，2001

[3]李杰，周福来，徐花玉．建筑施工安全技术[M]．北京：中国建筑工业出版社，1999.

[4]秦春芳．建筑施工安全技术手册[M]．北京：中国建筑工业出版社，1991.

[5]山西省建设厅．GB 50202—2002　建筑地基基础工程施工质量验收规范[S]．北京：中国建筑工业出版社 2002.

[6]中国建筑科学研究院．JGJ 102—99　建筑基坑支护技术规范[s]．北京：中国建筑工业出版社，1999.

[7]建筑施工手册第四版编写组．建筑施工手册，4 版[M]．北京：中国建筑工业出版社，2003.

[8]黑龙江省寒地建筑科学研安院．JGJ 104—97　建筑工程冬期施工规程[S]．北京：中国建筑工业出版社，1998.

[9]赵志缙，应惠清．建筑施工[M]．上海：同济大学出版社，2004.

[10]李建峰．建筑施工[M]．北京：中国建筑工业出版社，2004.

[11]成虎，沈杰．全国一级建造师执业资格考试：建设工程项目管理[M]．北京：人民交通出版社，2004.

[12]丛培经，张书行．工程项目管理[M]．北京　中国工业出版社，2003.